ALMANACH

DES CHASSEURS.

IMPRIMERIE DE L. B. THOMASSIN ET COMPAGNIE,
Rue Saint-Sauveur, 30.

Almanach
DES CHASSEURS

POUR L'ANNÉE DE CHASSE
1839-1840,

Contenant les opérations cynégétiques de chaque mois, des pronostications faites suivant les calculs du savant Mathieu Laensbergh, des anecdotes sur la chasse, la vie miraculeuse du grand Saint-Hubert, patron des chasseurs, etc

PAR ELZÉAR BLAZE,

Auteur du *Chasseur au Chien d'Arrêt*, du *Chasseur au Chien Courant*, du *Chasseur aux Filets*, etc.

Première Année.

Sapiens dominabitur astris.

PARIS.

ELZÉAR BLAZE, Faubourg Saint-Martin, 55 ;
TRESSE, SUCCESSEUR DE BARBA, libraire,
Palais-Royal, galerie de Chartres, 2 et 5.

Août 1839.

SAISONS.

Les profanes comptent quatre saisons dans l'année. Les chasseurs n'en connaissent que deux ;

1° Celle où l'on chasse.

2° Celle où l'on ne chasse pas.

La première commence le 1er septembre et finit le 28 février.

La seconde commence le 1er mars et finit le 31 août.

Pendant les années bissextiles la saison de la chasse dure un jour de plus ; en 1840 elle ne sera close que le 29 février.

FÊTES DE L'ANNÉE.

20 Septembre.	S. Eustache.
3 Novembre.	S. Hubert.
11 Novembre.	S. Martin.
28 Janvier.	S. Charlemagne.
28 Mars.	S. Gontran.
6 Juin.	S. Norbert.
31 Juillet.	S. Germain-l'Auxerrois.
25 Août.	S. Louis.

Sans doute il existe dans le paradis beaucoup d'autres saints qui ont été chasseurs ; nous mettrons tous nos soins à les chercher dans la légende, et nous les désignerons à la piété de nos confrères ; on ne saurait avoir trop de protecteurs dans le ciel.

ÉPOQUES.

Année.

6653 de la période Julienne.

2593 de la fondation de Rome, selon Varron.

2587 depuis l'ère de Nabonassar, fixée au mercredi 26 février de l'an 3967 de la période julienne, ou 747 avant J. C , selon les chronologistes et 746 suivant les astronomes.

2616 des Olympiades, ou la 4e année de la 654e Olympiade, commence en juillet 1840, en fixant l'ère des Olympiades 775 ans et demi avant J. C., ou vers le 1er juillet de l'an 3938 de la période Julienne.

1255 des Turcs, commence le 17 mars 1839 et finit le 4 mars 1840, selon l'usage de Constantinople, d'après l'*Art de vérifier les dates*.

COMPUT ECCLÉSIASTIQUE.

Nombre d'or en 1840. 17
Épacte. XXVI
Cycle solaire. 1
Indiction Romaine. 13
Lettre Dominicale. . . . . . . ED

QUATRE-TEMPS.

Septembre, 18, 20 et 21.
Décembre, 18, 20 et 21.
Mars,   11, 13 et 14.
Juin,   10, 12 et 13.

Si jamais des médisants accusent devant vous les chasseurs de manger gras et de déjeuner lorsque l'église le défend, montrez-leur cet almanach : en voyant les Quatre-Temps inscrits à la huitième page, ils rougiront de nous avoir calomniés.

PRÉFACE.

Me voilà marchant sur les traces du
vénérable Mathieu Lænsbergh, le plus
populaire, le plus immortel de tous les
hommes nés et à naître. Bien des gens
ont lu et lisent chaque jour ses intéressants almanachs, et peu d'entre eux savent
sa biographie. Je me crois donc obligé
de leur donner une petite notice sur ce
grand astronome, qui probablement pré-

dira l'avenir jusqu'à la consommation des siècles.

Si dans un almanach il fallait parler de Mathieu Lænsbergh, dans la *première année de l'Almanach des Chasseurs* il était indispensable de raconter la vie miraculeuse du grand saint Hubert. Je remplirai ces deux devoirs que m'impose la nature même de ce petit livre, et qui sait? peut-être le savant Liégeois va-t-il, par reconnaissance, infuser dans mon cerveau ces prophétiques inspirations qui le font marcher d'un pas égal avec Nostradamus ; et peut-être aussi, l illustre patron des chasseurs, regardant, du haut des cieux, ce modeste ouvrage, d'un œil bénin, m'accordera-t-il sa sainte protection dans ce monde et dans l'autre. Ainsi-soit-il.

On ignore l'époque où naquit Mathieu Lænsbergh ; on ne sait pas davantage en quel temps il mourut. En Flandre, en Belgique et même en France, les paysans ne doutent pas qu'il vive encore ; c'est très probable, car enfin, sans cela, comment aurions-nous, tous les ans, notre almanach pour trois sous? Quoi qu'il en soit, Mathieu Lænsbergh était chanoine de Saint-Barthélemi de Liége, vers l'an 1600. Heureuse cité que celle de Liége, fondée par saint Hubert! Métropole des prédictions astronomiques, elle fait, à son gré, la pluie et le beau temps! enfin elle fabrique des fusils par milliers! Chacune de ces choses suffirait pour rendre une ville à jamais célèbre.

Le plus ancien exemplaire que l'on connaisse du fameux Mathieu Lænsbergh est de 1636 ; cependant les bibliophiles pensent qu'il en parut d'autres avant cette époque. L'exemplaire porte ce titre : *Al-*

manach pour l'an bissextil de N. S. 1636 *et supputé par* M. *Mathieu Lœnsbergh.* On y trouve *les douze signes célestes gouvernant le corps humain;* le cancer, par exemple, gouverne les mamelles, la poitrine, le ventre, les poumons, etc.; l'auteur y indique les temps favorables pour se faire couper les cheveux, le moment propice aux saignées, le jour nécessaire aux purgatifs, etc. Lorsque cet ouvrage parut à Liége, il fit explosion; les médecins furent en émoi; on ne saurait décrire la colère de ces messieurs en apprenant qu'un chanoine allait sur leurs brisées. « Et que deviendrons-nous, dirent-ils, si les profanes veulent se mêler de nos affaires ; si le premier venu peut guérir ou tuer les malades sans notre participation? Levons-nous tous comme un seul homme, coalisons-nous contre le chanoine ; guerre à mort au chanoine ; son affaire est de chanter matines, la nôtre est de conserver les droits acquis par notre robe noire et par notre bonnet doctoral. » Une plainte en forme fut adressée aux magistrats, qui forcèrent l'auteur à supprimer ses ordonnances médicales. Plus tard, on les inséra dans *l'Almanach des Bergers*, qui fut joint à celui de Liége (1).

A cette époque, l'almanach de Mathieu Læensbergh pouvait se vendre en France, et, chose singulière, on y proscrivait les almanachs du même genre. Louis XIII défendit *à toutes personnes de faire aucun almanach ou prédiction hors les termes de l'astrologie licite.* Une ordonnance à peu près semblable avait été

(1) L'Almanach des Bergers est un petit livre en signes hiéroglyphiques ; les gens de la campagne, les Belges qui ne savent pas lire connaissent tous ces signes et font grand cas de cet almanach.

déjà rendue par Charles IX et par Henri III: ces rois défendaient, sous des peines corporelles, de distribuer dans leurs états *aucuns almanachs avec pronostications.* Aujourd'hui, grâce à la liberté de la presse, chacun peut jouer le rôle de sorcier, sans crainte d'être brûlé vif; et Voltaire ne serait plus compris, s'il nous disait comme autrefois :

Et, quand vous écrirez sur l'almanach de Liége.
Ne parlez des saisons qu'avec un privilége.

L'exemplaire de l'année 1656 contient comme ceux d'aujourd'hui *les pronostications* et *la prédiction générale* sur toutes les choses inconnues aux simples mortels. Dans notre siècle de lumières les esprits forts se moquent de la science divinatoire, parce qu'ils ignorent les moyens dont nous nous servons pour savoir l'avenir. Les imbéciles! parce qu'ils sont culs-de-jatte, ils nient le mouvement. Gresset, dans *la Chartreuse,* compare sa demeure au

> sublime siége ,
> D'où , flanqué de trente-deux vents ,
> L'auteur de l'*Almanach de Liége*
> Lorgne l'histoire du beau temps,
> Et fabrique avec privilége
> Ses astronomiques romans.

Ces romans-là furent quelquefois de l'histoire; il est certain que souvent les prédictions de Mathieu Lænsbergh inquiétèrent de très grands personnages. En l'année 1774, madame Dubarry fit supprimer tous les exemplaires de l'almanach, parce qu'il contenait cette phrase dans les prédictions du mois d'avril : « Une dame des plus favorisées jouera son dernier rôle. » On l'entendait souvent répéter : « Oh! ce vilain mois d'avril! je voudrais bien qu'il fût passé. » Mathieu Lænsbergh eut raison, car Louis XV mourut le 10 mai suivant. Cette circonstance, et quelques autres, où les astres servirent admirablement le pronostiqueur, donnèrent à son almanach une vogue européenne; c'est ce que je souhaite au mien. Et, vraiment, je suis en droit de l'attendre, car je prédirai toujours la vérité. — Bah! direz-vous, un chasseur ment si souvent, que par habitude.... — Fort bien, mais s'il ment, c'est à son retour de la chasse : il parle du passé, par amour-propre, il le colore à sa manière; mais quel intérêt pourrait m'engager à ne point dire vrai quand il s'agira de l'avenir? Au contraire, à ce métier-là, j'aurais tout à perdre, je ne veux pas qu'on m'appli-

qué ces deux vers faits sur le prophète
de Salon,

Nostra damus cùm falsa damus, nam fallere
　　　　　　　　　　　　　　　　[nostrum est,
Et cùm falsa damus, nil nisi nostra damus !

Car si je vous trompais aujourd'hui,
l'année prochaine vous me répéteriez
tous ce vieux proverbe : « Monsieur, je
ne prendrai plus de vos almanachs. »

SEPTEMBRE.

			Lever du Soleil.		Coucher du Soleil.		
			h.	m.	h.	m.	
1	15 Dim.	s. Leu, s. Gilles.	5	17	6	42	
2	lundi.	s. Lazare.	5	18	6	40	
3	mardi.	s. Grégoire.	5	20	6	58	
4	mercredi.	ste. Rosalie.	5	21	6	56	Les jours dimi-
5	jeudi.	s. Bertin.	5	23	6	54	nuent de 41 m. le
6	vendredi.	s. Onésipe.	5	24	6	52	matin et de 1 h. 7
7	samedi.	s. Cloud.	5	25	6	50	m. le soir.
8	16 Dim.	*Nativité N.-D.*	5	27	6	28	
9	lundi.	s. Omer.	5	28	6	26	—
10	mardi.	s. Nicolas de T.	5	30	6	23	
11	mercredi.	s. Patient, év.	5	31	6	21	*Nouvelle Lune.*
12	jeudi.	s. Raphaël.	5	33	6	19	Le 7 à 10 h. 50 m.
13	vendredi.	s. Maurille.	5	34	6	17	du soir.

						Lunaisons
14	samedi.	Exalt. ste Croix.	5	35	6	15	*Premier Quartier.*
15	17 Dim.	s. Nicolas.	5	37	6	13	Le 16 à 2 h. 9 m. du matin.
16	lundi.	s. Cyprien.	5	38	6	11	
17	mardi.	s. Lambert.	5	40	6	9	
18	mercredi.	s. Jean Ch. 4 T.	5	41	6	6	*Pleine Lune.*
19	jeudi.	s. Janvier.	5	43	6	4	Le 23 à 7 h. 19 m. du matin.
20	vendredi.	s. EUSTACHE.	5	44	6	2	
21	samedi.	s. Mathieu.	5	45	6	0	
22	18 Dim.	s. Maurice.	5	47	5	53	*Dernier quartier.*
23	lundi.	ste. Thècle.	5	48	5	56	Le 29 à 9 h. 55 m. du soir.
24	mardi.	s. Andoche.	5	50	5	54	
25	mercredi.	s. Firmin.	5	52	5	52	
26	jeudi.	ste. Justine.	5	53	5	49	
27	vendredi.	s. Elzéar.	5	54	5	47	
28	samedi.	s. Céran.	5	55	5	45	
29	19 Dim.	s. Michel.	5	57	5	43	
30	lundi.	s. Jérôme.	5	58	5	41	

OCTOBRE.

		Lever du Soleil.		Coucher du Soleil.		
		h.	m.	h.	m.	
1 mardi.	s. Remy.	6	0	5	39	
2 mercredi.	ste. Angélique.	6	1	5	37	
3 jeudi.	s. Cyprien.	6	3	5	35	Les jours dimi-
4 vendredi.	s. F. d'Assise.	6	4	5	33	nuent de 52 m. le
5 samedi.	ste. Aure.	6	6	5	30	matin et de 52 m.
6 20 Dim.	s. Bruno.	6	7	5	28	le soir.
7 lundi.	ste. Serge.	6	9	5	26	
8 mardi.	s. Demètre.	6	10	5	24	—
9 mercredi.	s. Denis.	6	12	5	22	
10 jeudi.	ss. Gérard et C.	6	13	5	20	*Nouvelle Lune.*
11 vendredi.	ss. Nicolas et G.	6	15	5	18	Le 7 à 2 h. 23 m.
12 samedi.	s. Vilfride.	6	16	5	16	du soir.
13 21 Dim.	s. Géraud.	6	18	5	14	*Premier Quartier.*

14 lundi.	s. Calliste.	6 20	5 12	Le 15 à 6 h. 34 m.
15 mardi.	ste. Thérèse.	6 21	5 10	du soir.
16 mercredi.	s. Gal.	6 22	5 8	
17 jeudi.	s. Cerbonney.	6 24	5 6	*Pleine Lune.*
18 vendredi.	s. Luc.	6 25	5 4	Le 22 à 4 h. 41 m.
19 samedi.	s. Savinien.	6 27	5 2	du soir.
20 22 Dim.	s. Sandou.	6 29	5 00	
21 lundi.	ste. Ursule.	6 30	4 59	*Dernier Quartier.*
22 mardi.	s. Mellon.	6 52	4 57	Le 29 à 8 h. 10 m.
23 mercredi.	s. Hilarion.	6 55	4 55	du matin.
24 jeudi.	s. Magloire.	6 55	4 55	
25 vendredi.	s. Crép. s. Cr.	6 56	4 51	
26 samedi.	s. Rustique , *v. j*	6 38	4 49	
27 23 Dim.	s. Frumence.	6 40	4 48	
28 lundi.	s. Sim. s. Jud.	6 42	4 46	
29 mardi.	s. Faron.	6 45	4 44	
30 mercredi.	s. Lucain.	6 44	4 42	
31 jeudi.	s. Quentin, *v. j.*	6 46	4 41	

NOVEMBRE.

		Le.er du Soleil.		Coucher du Soleil.		
		h.	m.	h.	m.	
1 vendredi.	*Toussaint.*	6	48	4	39	
2 samedi.	*Les Morts.*	6	49	4	37	
3 24 Dim.	s. HUBERT.	6	51	4	36	
4 lundi.	s. Charles.	6	52	4	34	
5 mardi.	ste. Bathilde.	6	54	4	33	
6 mercredi.	s. Léonard.	6	36	4	31	
7 jeudi.	s Wilbrod.	6	57	4	30	
8 vendredi.	ss. *Reliques.*	6	59	4	28	
9 samedi.	s. Mathurin.	7	1	4	27	
10 25 Dim.	s. Léon.	7	2	4	25	
11 lundi.	s MARTIN.	7	4	4	24	
12 mardi.	s. René.	7	5	4	22	
13 mercredi.	s. Brice.	7	7	4	21	

Les jours dimi-
nuent de 40 m. le
matin et de 40 m.
le soir.

—

Nouvelle Lune.
Le 6 à 8 h. 21 m.
du matin.

Premier Quartier.

14 jeudi.	s. Achille.	7	8	4	20	Le 14 à 9 h. 22 m.
15 vendredi.	s. Eugène.	7	10	4	19	du matin.
16 samedi.	s. Edme.	7	12	4	17	*Pleine Lune.*
17 26 Dim.	s. Agnan.	7	13	4	16	
18 lundi.	s. Aude.	7	15	4	15	Le 21 à 2 h. 22 m.
19 mardi.	ste. Elisabeth.	7	16	4	14	du matin.
20 mercredi.	s. Edmond.	7	18	4	13	*Dernier quartier.*
21 jeudi.	*Prés. de N. D.*	7	19	4	12	
22 vendredi.	ste. Cécile.	7	21	4	11	Le 27 à 10 h. 35
23 samedi.	s. Clément.	7	22	4	10	m. du soir.
24 27 Dim.	s. Severin.	7	24	4	9	
25 lundi.	ste. Catherine.	7	25	4	8	
26 mardi.	ste. Gen. d. Ard.	7	27	4	8	
27 mercredi.	s. Maxime.	7	28	4	7	
28 jeudi.	s. Sosthène.	7	29	4	6	
29 vendredi.	s. Saturnin. *v. j.*	7	31	4	5	
30 samedi.	s. André.	7	52	4	5	

DÉCEMBRE.

		Lever du Soleil.		Coucher du Soleil.		
		h.	m.	h.	m.	
1 1 Dɪᴍ.	Avent. s. Eloi.	7	34	4	4	
2 lundi.	s. François X.	7	35	4	4	
3 mardi.	s. Mirocle.	7	36	4	3	
4 mercredi.	ste. Barbe.	7	37	4	3	Les jours dimi-
5 jeudi.	s. Sabas.	7	39	4	2	nuent jusqu'au 2
6 vendredi.	s. Nicolas.	7	40	4	2	de 21 m. et crois-
7 samedi.	ste. Fare.	7	41	4	2	sent de 4 m. jus-
8 2 Dɪᴍ.	Conception.	7	42	4	1	qu'au 30.
9 lundi.	ste. Gorgonie.	7	43	4	1	—
10 mardi.	ste. Valère.	7	44	4	1	
11 mercredi.	s. Damas.	7	45	4	1	Nouvelle Lune.
12 jeudi.	ste. Constance.	7	46	4	1	Le 6 à 3 h. 10 m
13 vendredi.	ste. Luce.	7	47	4	1	du matin.

14 samedi.	s. Nicaise.	7	48	4	1	*Premier quartier.*
15 3 Dɪᴍ.	s. Mesmin.	7	49	4	1	Le 15 à 9 h. 58 m.
16 lundi.	ste. Adélaïde.	7	50	4	1	du soir.
17 mardi.	s. Olympe.	7	50	4	2	*Pleine Lune.*
18 mercredi.	s. Gatien 4 T.	7	51	4	2	Le 20 à 0 h. 54 m.
19 jeudi.	s. Meuris.	7	52	4	2	du soir.
20 vendredi.	ste. Pauline. *v. j.*	7	52	4	3	*Dernier Quartier.*
21 samedi.	s. Thom s.	7	53	4	3	Le 27 à 4 h. 55 m.
22 4 Dɪᴍ.	s. Ishirio ɪ	7	54	4	4	du soir.
23 lundi.	ste. Victoire. *v. j.*	7	54	4	4	
24 mardi.	s. Yves. *v. j.*	7	54	4	5	
25 mercredi.	*Noël.*	7	55	4	5	
26 jeudi.	s. Etienne.	7	55	4	6	
27 vendredi.	s. Jean-Evang.	7	56	4	7	
28 samedi.	ss. *Innocents.*	7	56	4	8	
29 Dɪᴍ.	s. Thomas de C.	7	56	4	8	
30 lundi.	ste Colombe.	7	56	4	9	
31 mardi.	s. Sylvestre.	7	56	4	10	

JANVIER.

JANVIER.		Lever du Soleil.		Coucher du Soleil.		
		h.	m.	h.	m.	
1 mercredi.	Circoncision.	7	56	4	11	
2 jeudi.	s. Basile	7	56	4	12	
3 vendredi.	s^e Geneviève.	7	56	4	13	Les jours crois-
4 samedi.	s. Rigobert.	7	56	4	14	sent de 31 m. le
5 Dim.	s. Siméon.	7	56	4	16	matin et de 31 m.
6 lundi.	Epiphanie.	7	56	4	17	le soir.
7 mardi.	s. Théau.	7	55	4	18	
8 mercredi.	s. Lucien.	7	55	4	19	—
9 jeudi.	s. Furcy.	7	55	4	20	Nouvelle Lune.
10 vendredi.	s. Paul.	7	55	4	22	Le 4 à 9 h. 30 m.
11 samedi.	s. Théodore.	7	54	4	23	du soir.
12 Dim.	s. Arcade.	7	55	4	24	
13 lundi.	Bapt. de N. S.	7	55	4	25	Premier Quartier.

14 mardi.	s. Hilaire.	7	52	4	27	Le 12 à 8 h. 7 m.
15 mercredi.	s. Maur.	7	51	4	28	
16 jeudi.	s. Guillaume.	7	51	4	30	*Pleine Lune.*
17 vendredi.	s. Antoine.	7	50	4	31	Le 19 à 0 h. 43 m.
18 samedi.	*Ch. s. P. à. R.*	7	49	4	33	du matin.
19 2 Dim.	s. Sulpice.	7	48	4	34	*Dernier Quartier.*
20 lundi.	s. Séba-tien.	7	47	4	36	Le 26 à 1 h. 43 m.
21 mardi.	s^e Agnès.	7	46	4	37	du soir.
22 mercredi.	s. Vincent.	7	45	4	39	
23 jeudi.	s. Ildefonse.	7	44	4	40	
24 vendredi.	s. Babylas.	7	43	4	42	
25 samedi.	*Conv. s. Paul.*	7	42	4	43	
26 3 Dim.	s^e Paule.	7	41	4	45	
27 lundi.	s. Julie.	7	40	4	47	
28 mardi.	CHARLEMAGN.	7	39	4	48	
29 mercredi.	s. Franç. de S.	7	37	4	50	
30 jeudi.	s^e Bathilde.	7	36	4	51	
31 vendredi.	s^r Pierre Nol.	7	35	4	53	

FÉVRIER.

		Lever du Soleil.		Coucher du Soleil.		
		h.	m.	h.	m.	
1 samedi.	s. Ignace.	7	34	4	55	
2 Dim.	*Purification.*	7	32	4	57	
3 lundi.	s. Blaise.	7	31	4	58	
4 mardi.	s. Philéas.	7	29	5	0	Les jours crois-
5 mercredi.	s^e Agathe.	7	28	5	1	sent de 45 m. le
6 jeudi.	s. Vast.	7	26	5	3	matin et de 45 m.
7 vendredi.	s. Romuald.	7	25	5	5	le soir.
8 samedi.	s. Jean de M.	7	23	5	6	—
9 Dim.	s^e Appoline.	7	22	5	8	*Nouvelle Lune.*
10 lundi.	s. Sego.	7	20	5	10	Le 3 à 2 h. 8 m.
11 mardi.	s. Severin.	7	19	5	11	du soir.
12 mercredi.	s^e Eulalie.	7	17	5	13	
13 jeudi.	s. Casimir.	7	15	5	15	*Premier Quartier.*

14 vendredi.	s. Valentin.	7	13	5	16	Le 10 à 4 h. 14 m.
15 samedi.	s. Faustin.	7	12	5	18	du soir.
16 1 Dim.	s. J.-Ch.	7	10	5	20	*Pleine Lune.*
17 lundi.	s. Silvain	7	8	5	21	Le 17 à 2 h. 3 m.
18 mardi.	s. Siméon.	7	6	5	23	du soir.
19 mercredi.	s. Gabin.	7	5	5	24	
20 jeudi.	s. Eucher 4 T.	7	3	5	26	*Dernier Qnartier*
21 vendredi.	s. Pépin.	7	1	5	28	Le 23 à 11 h. 0 m.
22 samedi.	s. Damien.	6	59	5	29	du matin.
23 2 Dim.	*C. s Paul. v. j.*	6	57	5	31	
24 lundi.	s. Math.	6	55	5	33	
25 mardi.	s. Victor.	6	55	5	34	
26 mercredi.	s. Alexis.	6	51	5	56	
27 jeudi.	s. Léandre.	6	49	5	37	
28 vendredi.	s. Romain.	6	47	5	59	
29 samedi.	se Honorine.	6	43	5	40	

MARS.

		Lever du Soleil		Coucher du Soleil		
		h	m.	h	m	
1 3 Dm.	s. Aubin.	6	45	5	41	
2 lundi.	s. Simplice.	6	45	5	42	
3 mardi.	*Mardi-Gras.*	6	41	5	44	
4 mercredi.	*Les Cendres.*	6	39	5	45	Les jours crois-
5 jeudi.	s. Drausin.	6	37	5	47	sent de 55 m. le
6 vendredi.	se Colette.	6	35	5	49	matin et 55 m le
7 samedi.	s. Thomas.	6	55	5	0	le soir.
8 4 Dm.	s. Jean de D.	6	31	5	52	—
9 lundi.	se Françoise.	6	29	5	53	*Nouvelle Lune.*
10 mardi.	se Doctr.	6	27	5	55	Le 4 à 3 h. 15 m.
11 mercredi.	40 *Martyrs.*	6	25	5	56	du matin.
12 jeudi.	s. Pôl, ev.	6	23	5	55	
13 vendredi.	sc Euphrasie.	6	21	5	59	*Premier Quartier.*

14 samedi.	s. Lubin.	6	19	6	1	Le 10 à 11 h. 18 m.
15 Dim.	s. Longin.	6	17	6	2	du soir.
16 lundi.	s. Cyriaque.	6	15	6	4	*Pleine Lune.*
17 mardi.	se Gertrude.	6	13	6	5	
18 mercredi.	s. Alexandre.	6	11	6	7	Le 18 à 4 h. 40 m.
19 jeudi.	s. Joseph.	6	8	6	8	du matin.
20 vendredi.	s. Joachim.	6	6	6	10	*Dernier Quartier.*
21 samedi.	s. Benoit.	6	4	6	12	Le 26 à 6 h. 51 m.
22 Dim.	se Lée.	6	2	6	13	du matin.
23 lundi.	s. Victorien.	6	0	6	15	
24 mardi.	s. Gabriel.	5	58	6	16	
25 mercredi.	*Annonciation.*	5	56	6	17	
26 jeudi.	s. Romain.	5	54	6	19	
27 vendredi.	s. Rupert.	5	51	6	20	
28 samedi.	s. GONTRAN.	5	49	6	22	
29 Dim.	*Vendredi Saint.*	5	47	6	23	
30 lundi.	s. Rieule.	5	45	6	25	
31 mardi.	s. Elphège.	5	45	6	26	

AVRIL.

		Lever du Soleil.		Coucher du Soleil.		
		h.	m	h.	m.	
1 mercredi.	s. Vulfran.	5	41	6	28	
2 jeudi.	s. François.	5	39	6	29	
3 vendredi.	s. Richard.	5	37	6	31	
4 samedi.	s. Ambroise.	5	35	6	32	Les jours crois-
5 1 Dim.	*Passion.*	5	33	6	34	sen t de 50 m. le
6 lundi.	s. Prudence.	5	31	6	35	matin et de 50 m.
7 mardi.	s. Egésipe.	5	28	6	37	le soir.
8 mercredi.	s. Perpétue.	5	26	6	38	
9 jeudi.	s. Marie Eg.	5	24	6	40	—
10 vendredi.	s. Macaire.	5	22	6	41	*Nouvelle Lune.*
11 samedi.	s. Léon, pape.	5	20	6	43	Le 2 à 3 h. 30 m.
12 2 Dim.	*Rameaux.*	5	18	6	44	du soir.
13 lundi.	s. Justin.	5	16	6	46	*Premier Quartier.*

14 mardi.	s. Tiburce.	5 14	6 47	Le 9 à 6 h. 31 m.
15 mercredi.	s. Paterne.	5 12	6 49	du matin.
16 jeudi.	s. Fructueux.	5 10	6 50	*Pleine Lune.*
17 vendredi.	*Vendredi-Saint.*	5 8	6 52	Le 16 à 8 h. a m.
18 samedi.	s. Anicet.	5 6	6 53	du soir.
19 3 Dim.	*Pâques*	5 5	6 54	
20 lundi.	s. Simon.	5 3	6 56	*Dernier Quartier.*
21 mardi.	s. Anselme.	5 1	6 57	Le 24 à 11 h. 56 m.
22 mercredi.	s^e Opportune.	4 59	6 59	du soir.
23 jeudi.	s. Georges.	4 57	7 0	
24 vendredi.	s. Leger.	4 55	7 2	
23 samedi.	s. Marc.	4 53	7 3	
26 4 Dim.	*Quasimodo*	4 52	7 5	
27 lundi.	s. Vital.	4 0	7 6	
28 mardi.	s. Polycarpe.	4 48	7 8	
29 mercredi.	s. Pierre.	4 46	7 9	
50 jeudi.	s. Eutrope.	4 45	7 11	

MAI.

		Lever du Soleil.		Coucher du Soleil.		
		h.	m.	h.	m.	
1 vendredi.	s. Philippe.	4	45	7	12	
2 samedi.	s. Athanase.	4	41	7	15	
3 5 Dim.	*Invent. s^e Croix.*	4	59	7	15	
4 lundi.	s^e Monique.	4	58	7	16	Les jours crois-
5 mardi.	*C. de s. Aug.*	4	56	7	18	sent de 59 m. le
6 mercredi.	s. J. P.-L.	4	54	7	19	matin et de 59 m.
7 jeudi.	s. Stanislas.	4	55	7	21	le soir.
8 vendredi.	s. Désiré.	4	51	7	22	
9 samedi.	s. Urbain.	4	50	7	23	—
10 6 Dim.	s. Gordien.	4	28	7	25	*Nouvelle Lune.*
11 lundi.	s Mamert.	4	27	7	26	Le 2 à 0 h. 15 m.
12 mardi.	s. Pancrace.	4	25	7	28	du matin.
15 mercredi.	s. Servais.	4	24	7	29	*Premier Quartier.*

14 jeudi.	s. Pacôme.	4	22	7	30	Le 8 à 2 h. 59 m.
15 vendredi.	s. Isidore.	4	21	7	52	du soir.
16 samedi.	s. Honoré.	4	20	7	55	*Pleine Lune.*
17 Dim.	s. Pascal.	4	18	7	54	
18 lundi.	s. Elie. *v. j.*	4	17	7	56	Le 16 à 11 h. 40 m.
19 mardi.	s. Mériadec.	4	16	7	37	du matin.
20 mercredi.	s. Bernardin.	4	15	7	38	*Dernier Quartier.*
21 jeudi.	s. Hospice.	4	14	7	59	Le 24 à 1 h. 33 m.
22 vendredi.	sᵉ Julie. 4 T.	4	13	7	41	du soir.
23 samedi.	s. Didier, év.	4	11	7	42	*Nouvelle Lune.*
24 1 Dim.	s. Donatien.	4	10	7	43	Le 31 à 7 h. 24 m.
25 lundi.	*Les Rogations.*	4	9	7	44	du matin.
26 mardi.	s. Basile,	4	8	7	45	
27 mercredi.	s. Jean, pape.	4	7	7	46	
28 jeudi.	*Ascension.*	4	6	7	47	
29 vendredi.	s. Maximin.	4	6	7	49	
30 samedi.	sᵉ Marine.	4	5	7	50	
31 2 Dim.	sᶜ Pétronille.	4	4	7	51	

JUIN.

		Lever du Soleil.		Coucher du Soleil.		
		h.	m.	h.	m.	
1 lundi.	s. Thierri.	4	3	7	52	
2 mardi.	s. Potin.	4	3	7	53	
3 mercredi.	se Clotilde.	4	2	7	54	
4 jeudi.	s. Quirin.	4	1	7	54	Les jours croissent, jusqu'au 15.
5 vendredi.	s. Boniface.	4	1	7	55	de 9 m. le matin et
6 samedi.	s. NORBERT.	4	0	7	56	de 9 m. le soir.
7 3 Dim.	*Pentecôte.*	4	0	7	57	
8 lundi.	s. Médard.	3	59	7	58	—
9 mardi.	s. Prime.	3	59	7	59	*Premier Quartier.*
10 mercredi.	s. Landry.	3	59	7	59	Le 7 à 1 h. 26 m.
11 jeudi.	s. Barnabé.	3	58	8	0	du matin.
12 vendredi.	s. Onuphre.	3	58	8	1	
13 samedi.	s. Ant. de P.	3	58	8	1	*Pleine Lune.*

14	4 Dim.	La Trinité.	3	58	8	2	Le 15 à 2 h. 58 m. du matin.
15	lundi.	s. Guy, mart.	3	58	8	2	
16	mardi.	s. Fargeau.	3	58	8	3	Dernier Quartier
17	mercredi.	s. Avit.	3	58	8	3	Le 22 à 11 h. 40 m. du soir.
18	jeudi.	Fête-Dieu.	3	58	8	3	
19	vendredi.	s. Gervais.	3	58	8	4	Nouvelle Lune.
20	samedi.	s Silvère.	3	58	8	4	
21	5 Dim.	s. Leufroi.	3	58	8	4	Le 29 à 2 h. 9 m. du soir.
22	lundi.	s. Paulin. vj.	3	58	8	5	
23	mardi.	s. Andri.	3	58	8	5	
24	mercredi.	s. Jean-Bapt.	3	5	8	5	
25	jeudi.	s. Prosper.	3	59	8	5	
26	vendredi.	s. Babolein.	3	59	8	5	
27	samedi.	s. Crescent.	4	0	8	5	
28	6 Dim.	s. Irénée v.j.	4	0	8	5	
29	lundi.	s. Pierre, s. P.	4	1	8	5	
30	mardi.	Com. de s. Paul.	4	1	8	5	

JUILLET.

		Lever du Soleil.		Coucher du Soleil.		
		h.	m.	h.	m.	
1 mercredi.	s. Martial.	4	2	8	5	Les jours décrois-
2 jeudi.	*Visit. de la V.*	4	2	8	4	sent de 28 m. le
3 vendredi.	s. Anatole.	4	3	8	4	matin et de 28 m.
4 samedi.	*Trans. s. Mart.*	4	4	8	4	le soir.
5 7 Dim.	sᵉ Zoé, mart.	4	4	8	3	Les jours décroissent de 28 m. le matin et de 28 m. le soir.
6 lundi.	s. Tranquillin.	4	6	8	3	
7 mardi.	sᵉ Aubierge.	4	5	8	2	—
8 mercredi.	sᵃ Priscille.	4	7	8	2	*Premier Quartier.*
9 jeudi.	sᵉ Victoire.	4	8	8	1	Le 6 à 2 h. 13 m.
10 vendredi.	sᵉ Félicité.	4	8	8	1	du soir.
11 samedi.	*Trans. s. Benoît.*	4	9	8	0	*Pleine Lune*
12 8 Dim.	s. Gualbert.	4	10	7	59	
13 lundi.	s. Turiaf, év.	4	11	7	59	

Jour	Saint					Lune
14 mardi.	s. Bonavent.	4	12	7	58	Le 14 à 5 h. 40 m.
15 mercredi.	s. Henri, év.	4	13	7	57	du soir.
16 jeudi.	*Notre-D. M. C.*	4	14	7	56	*Dernier Quartier.*
17 vendredi.	s. Alexis.	4	15	7	55	Le 22 à 6 h 55 m.
18 samedi.	s. Clair, év.	4	16	7	55	du matin.
19 9 Dim.	s. Vinc. de Paul.	4	18	7	54	*Nouvelle Lune*
20 lundi.	se Marguerite.	4	19	7	53	Le 28 à 9 h. 57 m.
21 mardi.	s. Victor.	4	20	7	52	du soir.
22 mercredi.	se Madeleine.	4	21	7	51	
23 jeudi.	s. Apolinaire.	4	22	7	49	
24 vendredi.	se Christine, *v. j.*	4	23	7	48	
25 samedi.	s. J cques.	4	25	7	47	
10 Dim.	*Trans s. Marc.*	4	26	7	46	
7 lundi.	s. Pantaléon.	4	27	7	45	
28 mardi.	s Anne.	4	29	7	45	
29 mercredi.	se Marthe.	4	30	7	42	
30 jeudi.	s. Abdon.	4	31	7	40	
vendredi.	s. GERMAIN.	4	32	7	39	

AOUT.

		Lever du Soleil.		ouche·r du Soleil.		
		h.	m	h.	m	
1 samedi.	s. Pierres-ès-L.	4	34	7	38	
2 11 Dm.	s. Etienne.	4	35	7	36	Les jours décrois-
3 lundi.	*Inv. s. Etienne.*	4	36	7	35	sent de 47 m. le
4 mardi.	s. Dominique.	4	38	7	35	matin et de 47 m.
5 mercredi.	s. Yon, mart.	4	39	7	32	le soir.
6 jeudi.	*Trans. de N. S.*	4	40	7	30	
7 vendredi.	s. Gaëtan.	4	42	7	29	—
8 samedi.	s. Justin.	4	45	7	27	
9 12 Dm.	s. Romain.	4	45	7	25	*Premier Quartier.*
10 lundi.	s. Laurent, *m.*	4	46	7	24	Le 5 à 5h. 24 m.
11 mardi.	*Suc. s^e Croix.*	4	47	7	22	du matin.
12 mercredi.	s^e Hilaire.	4	49	7	20	
13 jeudi.	s. Hippolyte.	4	50	7	18	*Pleine Lune.*

Jour	Fête					Lune
14 vendredi.	s. Eusèbe. *vj.*	4	52	7	17	Le 13 à 7 h. 25 m. du matin.
15 samedi.	*Assomption.*	4	53	7	15	
16 13 Dim.	s. Roch.	4	54	7	13	*Dernier Quartier.*
17 lundi.	s. Mammès.	4	56	7	11	Le 20 à 0 h. 27 m. du soir.
18 mardi.	s^e Hélène.	4	57	7	9	
19 mercredi.	s. Louis.	4	59	7	8	
20 jeudi.	s. Bernard.	5	0	7	6	*Nouvelle Lune.*
21 veudredi.	s. Privat.	5	1	7	4	Le 27 à 6 h 53 m. du matin.
22 samedi.	s. Symphorien.	5	3	7	2	
23 14 Dim.	. Sidoin. *vj.*	5	4	7	0	
24 lundi.	s. Barthélemi.	5	6	6	58	
25 mardi.	s. LOUIS, roi.	5	7	6	56	
26 mercredi	s. Zéphirin.	5	8	6	54	
27 jeudi.	s. Césaire.	5	10	6	52	
28 vendredi.	s. Augustin.	5	11	6	50	
29 samedi.	*Déco.* s. Jean-B.	5	13	6	48	
30 15 Dim.	s. Fiacre.	5	14	6	46	
31 lundi.	s Ovide.	5	1:	6	44	

OPÉRATIONS CYNÉGÉTIQUES

POUR CHAQUE MOIS DE L'ANNÉE.

SEPTEMBRE.

En septembre les perdreaux,
Cailles grasses et levrauts
Arrosés par du bon vin,
Font fuir bien loin le chagrin (1).

ÉPHÉMÉRIDE CYNÉGÉTIQUE.

En septembre 1504, Sannazar découvre à Tours les manuscrits des poèmes de Gratius et de Nemesianus sur la chasse. Ils furent imprimés pour la première fois à Venise, par Paul Manuce, en 1534.

La République une et indivisible avait

(1) Mes dictons et mes proverbes ne sont pas d'une poésie bien sublime ; je les donne tels que je les ai ramassés dans les plaines et dans les bois: en les corrigeant je les aurais gâtés.

bién raison de placer le mois de septembre en tête de son calendrier. Je vous le demande, à quoi bon commencer l'année en janvier? Que signifie janvier? Janvier me paraît stupide. Mais, direz-vous, pourquoi calomnier ce digne mois de janvier? on chasse tant qu'il dure. Oui, mais en décembre on chasse aussi, dans ces deux mois comme dans plusieurs autres, on continue à chasser, et puisque nos plaisirs commencent le 1er septembre, c'est de ce jour-là que nous devrions toujours dater. Un chasseur nous dit : « En 1836, j'ai tué tant de pièces. » Mais on peut lui répondre : « Est-ce dans les quatre mois de 1835 et les deux mois de 1836, ou dans les quatre mois de 1836 et les deux mois de 1837? » Moi-même, pour me rendre intelligible, je suis obligé d'intituler ce petit livre : *Almanach pour l'année de chasse de 1839 à 1840.*

Un chasseur ne connaît que deux grandes époques dans l'année : le jour de l'ouverture et celui de la clôture de la chasse. Après cela donnez des étrennes au 1er janvier, faites ou recevez des visites : que lui importe! ce jour-là, comme le lendemain, comme tous les autres jours, il galope à cheval, la trompe en travers du corps, ou bien il court à pied dans les bois, ou bien encore il barbote dans un marais, en cherchant des canards. Vous l'avouerez avec moi, c'est bien plus amusant que de s'ennuyer en allant voir des gens que l'on ennuie.

Le 1ᵉʳ septembre ! (1) ce mot est magique : au mois de mars, au mois de juin, lorsqu'on le prononce, c'est toujours avec un accent joyeux ; il se présente à l'imagination du chasseur comme un point lumineux obscurci par quelques nuages ; peu à peu les vapeurs se débrouillent, juillet, août disparaissent entraînés dans l'océan des siècles, et le premier septembre apparaît avec ses perdreaux, ses cailles, ses râles, ses lièvres, ses lapins, qui donnent tant de joie sans mélange, tant de plaisirs sans regret. Comparez donc ces belles choses avec les

(1) La chasse ne s'ouvre pas toujours le 1ᵉʳ septembre. Suivant que la moisson est avancée ou retardée, ce grand jour nous luit le 20 ou le 25 août, le 5 ou le 10 du mois suivant. Je prends le 1ᵉʳ septembre pour terme moyen.

bonbons du mois de janvier ! Comparez le bonheur de préparer des cartouches, de soigner sa poudre, d'acheter du plomb, d'examiner attentivement si le mécanisme du fusil est dans un état satisfaisant avec la niaise occupation de mettre sous bande un millier de cartes de visite.

Un de nos illustres vaudevillistes (1) fait dire à je ne sais quel personnage : Je voudrais

> Que vendémiair' vînt en janvier
> Comme mars en carême.

quant à moi, je suis d'un avis contraire, et je voudrais que janvier devînt le cinquième mois de l'année; je voudrais que septembre fut débaptisé, car il porte le nom du septième mois, et il est le neuvième (2); je vou

(1) M. Scribe, dans *la Marraine.*

(2) Le calendrier romain, que l'on attribue à Romulus, était composé de dix mois : l'année commençait le 1er mars et finissait en décembre. Numa-Pompilius ajouta les mois de janvier et de février.

drais... je voudrais... je ferais un gros volume en vous disant tout ce que je voudrais.

> Ne peut-on du calendrier
> Effacer le premier janvier?
> Ce jour fatal aux pauvres bourses,
> Ce jour fertile en sottes courses,
> Ce jour, où cent froids visiteurs,
> A titre de complimenteurs,
> Pleins du zèle qui les transporte,
> Sèment l'ennui de porte en porte.
> Où fuir les assauts pétulants
> De ces baiseurs congratulants,
> Qui viennent donner pour étrenne
> Le fier poison de leur haleine!
> O jour! qui n'as pour amateurs
> Que l'ordre des frères quêteurs,
> Quand du joug dur de tes corvées,
> Verrons-nous nos cités sauvées? (1)

Quoi qu'il en soit, la chasse est ouverte, le préfet l'a dit, et les chasseurs sont incapables de faire de l'opposition contre les or-

______

(1) *Mercure de France*, janvier 1726.

donnances d'une autorité si respectable. « Qui peut le plus peut le moins.» C'est un proverbe bien digne assurément de trouver place dans un almanach. Si j'ai le droit d'ouvrir la chasse le 1er septembre, il est certain que le 2 je possède encore cette faculté. Aujourd'hui on ouvre ici, demain on ouvre là, et puis ailleurs « Si vous m'invitez chez vous, je vous inviterai chez moi.» De sorte que les dix premiers jours de septembre se passent dans une suite non interrompue de plaisirs et de beuverie.

Je connais d'estimables préfets qui, joignant à de hautes qualités administratives le mérite d'être bons chasseurs, s'arrangent pour que la chasse ne s'ouvre pas le même jour dans toutes leurs communes. On écrit à tel maire de retarder de quinze jours par rapport aux avoines, à tel autre on fait sentir que les betteraves en souffriraient, ce qui causerait une hausse sur les sucres, à la grande satisfaction de nos colonies. A celui-ci l'on dit : « Prenez garde aux navets, » à l'autre : « Je craindrais pour vos haricots. » Tout étant convenablement disposé, le préfet part; la carnassière sur le dos, il fait sa tournée, il visite ses communes, et chacun se dit: « Oh! que ce département est bien administré. » Tous les gamins porteurs de carnassières connaissent la respectable figure de leur préfet.

Allons, enfants de la joie, braves disciples de Diane, vertueux émules de saint Hubert et de saint Eustache, au lieu des flèches et de l'épieu que portaient jadis ces dignes chasseurs, prenez le fusil à marteau, et que le salpêtre enflammé fasse monter un nuage d'encens au nez de vos patrons.

Pendant le mois de septembre, le chasseur au fusil tue des cailles et des perdreaux, des râles de genêt, des lièvres, des lapins. Le chasseur aux filets, qui a déjà commencé à prendre des ortolans au mois d'août, continue ses excursions matinales: le passage des créous, des grassets, des bergeronnettes du printemps, est à son apogée. Vers le 2) commence celui des linottes, et quand le mois finit, on voit quelques farlouses, et par-ci par-là quelques pinsons.

Plus de soucis, plus d'affaires, plus de chagrins, plus d'amour! Qui pourrai être amoureux pendant le mois de septembre?

L'amour ! eh, mon Dieu ! c'est assez agréable au mois de mai, cela sert à faire passer le temps que l'on n'emploie point à la chasse ; mais qui pourrait songer à ces drôleries quand les luzernes sont grises de perdreaux, lorsque les chiens sont toujours en arrêt sur les cailles. Un lièvre déboulant comme une fusée, un lapin faisant des zigzags comme un serpenteau offrent, ma foi, bien plus d'intérêt que... halte-là ! pourquoi risquer de se faire arracher un œil ? au mois de septembre encore !.. si c'était celui de droite, je ne pourrais plus viser.

Quinze jours après l'ouverture de la plaine, vous aurez encore celle du bois ; des perdreaux, des lièvres s'y sont réfugiés, vous aurez un nouveau plaisir à renouveler connaissance avec eux. La chasse ne ressemble point à l'amour, une maîtresse ennuie quelquefois ; mais si la chasse lasse souvent, on ne s'en lasse jamais.

OCTOBRE.

Lièvre, chevreuil, perdrix, bécasse,
Qu'importe pourvu que je chasse.

ÉPHÉMÉRIDE CYNÉGÉTIQUE.

Octobre 1467. A Milan, François Philelfe publie
la première édition du *Traité de la Chasse,*
par Xénophon.

Le gibier, effrayé par les coups de fusil
de septembre, est entré dans les vignes;
mais voici les vendangeurs qui vont le re-
pousser dans la plaine. Bientôt le vin sera
dans la cuve, et nous pourrons grimper sur

les coteaux garnis d'échalas. L'ouverture de la chasse dans les vignes est aussi fort intéressante. On y trouve des compagnies au grand complet; à peine si l'on peut distinguer le père et la mère avec les enfants; les perdreaux alors sont vraiment superbes. Le 9 de ce mois, ils quittent leur nom, car, vous connaissez le proverbe :

A la Saint-Denis
Les perdreaux sont des perdrix.

Quelques-uns disent *à la Saint-Remy*; outre que la rime est plus exacte avec *Saint-Denis*, j'aime mieux ce dernier saint, car on le chôme neuf jours après l'autre. Moins pressé de voir arriver sa fête, il donne aux perdreaux le temps nécessaire pour se développer. A cette époque, plus de pouilleux, toutes les pièces sont grasses et dodues; leur poids fait tendre le baudrier de la carnassière et ne fatigue point le chasseur.

Octobre nous offre chaque jour des jouissances nouvelles. Un amateur, qui sait ménager ses plaisirs, ne tue jamais les faisan pendant le mois de septembre; ils sont encore trop petits. On ne voit que des coquelets; pour trouver des coqs bien maillés, garnis de leur belle queue, attendez qu'octobre arrive. Ainsi, dans ce mois, vous avez presque toutes les espèces de gibier : lapins, lièvres, chevreuils, sangliers, cerfs, etc., faisans et perdreaux. Il reste encore des cailles; celles que l'on rencontre sont tellement grasses qu'à peine elles peuvent voler. On commence à trouver des bécasses, on voit par-ci, par-là, quelques canards. Oh! le beau mois que celui d'octobre! C'est bien dommage qu'il ne dure pas toute l'année.

Les chasseurs aux filets sont dans un temps de jubilation. Le passage d'automne leur amène, tous les jours, en quantité, des oiseaux de trente espèces. Ils chassent assis et s'amusent; vous chassez en marchant à pied ou à cheval, et vous vous amusez. D'où l'on peut déduire cet axiome : « Toutes les chasses, toutes les manières de chasser sont une jouissance, parce qu'en chassant on surmonte une difficulté. » Plus le gibier a de ruses, plus on a de plaisir à le prendre.

C'est comme avec les dames, celles que l'on désire long-temps nous donnent plus de bonheur que les autres.

NOVEMBRE.

Gare au sanglier, vise-le bien,
De te sauver c'est le moyen.

ÉPHÉMÉRIDE CYNÉGÉTIQUE.

En novembre 751, Pépin le Bref pourfendit un
lion, et du même coup son glaive abattit la
tête d'un taureau que ce lion étranglait.

Voici le mois des grandes solennités, des
réunions nombreuses, des Saint-Hubert! Les
chasses au bois avec le chien d'arrêt, les
chasses au chien courant avec le fusil, les
chasses à courre avec la trompe. Que de bel-

les choses dans ce mois ! Et les dîners, et les chansons, et le vin de Champagne coulant à flots, et les belles dames qui se risquent au milieu des chasseurs, et...., et..... Je n'en finirais pas si je voulais dire tout ce qu'on fait au mois de novembre. J'en finirais bien moins encore si je racontais tout ce que l'on y dit.

Dans ce mois de novembre, il arrive des coups fabuleusement extraordinaires. On tue des lièvres à cent cinquante pas; on roule des sangliers comme des lapins; on assomme des ours; on égorge des rhinocéros; j'en ai vu même qui avaient rapporté des éléphants dans leur carnassière. Si parmi les convives d'une Saint-Hubert vous avez quelque chasseur voyageur, vous en entendrez de belles. Les voyageurs mentent, les chasseurs mentent; jugez à quelle sublimité de hâblerie doit se monter l'homme possédant ces deux titres. Qu'importe, riez et ripostez, mais surtout ne vous montrez pas incrédule.

A la première neige qui tombera, le chasseur aux filets, tendant ses nappes en rase campagne, bravera le froid aux pieds pour attraper des oiseaux par douzaines. Le froid! mais aura-t-il le temps de le sentir ! A peine dix bruants seront pris qu'il faudra courir pour saisir des pinsons, des linottes, des verdiers tombés dans le piége. Joignez à tous ces mouvements des jambes et des bras les battements du cœur, accélérés par le plaisir qu'on éprouve, et vous ne craindrez point que la bise ou la gelée incommode ce chasseur. Ses exploits sont moins bruyants que ceux des autres ; qu'importe ! on s'amuse souvent davantage dans un petit cercle d'amis que dans le raout le plus fashionable.

DÉCEMBRE.

Un coup d'andouiller tue un homme
Comme un Normand mange une pomme.

ÉPHÉMÉRIDE CYNÉGÉTIQUE.

Frédéric II, empereur d'Allemagne, auteur d'un excellent ouvrage sur la chasse à l'oiseau, *De Arte venandi cum avibus*, naquit le 26 décembre 1194 et mourut le 4 décembre 1250.

Le gibier diminue : les perdrix, les lièvres, que vous avez mis à la broche, ne sont plus dans les champs, c'est une vérité que M. de La Palisse n'aurait point contestée. Mais vous avez toujours la chasse au chien courant, qui détruit bien moins de gibier que celle au chien d'arrêt. Dans celle-ci, chaque chasseur doit rapporter au moins une pièce, sous peine de revenir bredouille. Et pour attraper quelque chose, chacun sue, travaille, marche, court, et se demène comme un diable dans un bénitier. Dans l'autre, le moindre lièvre, le plus petit lapin honore vingt chasseurs. Tous ont part à la gloire; elle brille sur le front de tous comme celle que l'on acquiert sur un champ de bataille. « Nous avons remporté la victoire à Wagram, disent les soldats. Les chasseurs répètent avec orgueil : Nous avons pris un lièvre. »

Vos voisins vous imitent; ils chassent comme vous. Si de temps en temps votre gibier se réfugie chez eux, par une juste compensation, le leur vient vous visiter. Vous n'avez point de sangliers ni de cerfs dans vos bois; mais un beau matin, le garde arrive tout joyeux : « Vive la joie! monsieur; j'ai vu la trace d'un beau tiers-an, et je soupçonne un dix cors de s'être rembûché dans vos bois. » Oh! alors, il tomberait des hallebardes, la pointe en bas, qu'on se mettrait en route. Si vous étiez malade, vous seriez dans l'obligation de vous bien porter; je crois même que cette nouvelle pourrait bien ressusciter un mort.

Voilà de ces hasards heureux qui font époque dans la vie d'un chasseur. J'entends parler du chasseur petit propriétaire, et ne tuant ordinairement que le menu gibier. Quant à ceux placés dans les sommités aristocratiques, accoutumés à semblables repas, ils n'ont dans ces moments-là que des jouissances continues.

En décembre, s'il fait froid dans le Nord, vous voyez arriver des troupes de cygnes, des volées d'oies, des bandes innombrables de canards. Dans les marais, vous trouvez des foulques, des bécassines et bien d'autres oiseaux encore.

Allons, mes amis, pataugez dans la boue, à dire d'experts. Si vous savez tirer, vous rapporterez quelque chose; si vous êtes maladroits, vous n'en dînerez pas moins bien à votre retour.

JANVIER.

Quand il fait beau
Prends ton manteau ;
Quand il pleut,
Prends-le si tu veux.

ÉPHÉMÉRIDE CYNÈGÉTIQUE.

Janvier 1486. Antoine Neyret, imprimeur de Chambéry, publie la première édition du plus ancien ouvrage écrit en français sur la chasse ; il porte pour titre : *Le Livre du Roy Modus et de la Royne Racio.*

Et pourquoi prendriez-vous un manteau ? pour vous garantir de la pluie ? mais, certainement vous vous priveriez d'un grand plaisir, celui de changer d'habits et de linge, après avoir été bien mouillé. A la chasse, un manteau est toujours incommode : si vous êtes à pied, il devient trop lourd ; si vous êtes à cheval, il s'accroche aux branches ; en passant dans les taillis, on court le risque d'être pendu par son manteau, comme jadis Absalon le fut par sa chevelure. Mouillez-vous, morbleu ! quitte à vous sécher au retour, ou bien, rendez-vos habits imperméables par les procédés que je vous indiquerai plus tard.

Janvier arrive : en avant les chasses en battue, les chasses au chien courant. On ne peut plus aborder le gibier dans la plaine ; mais nous avons des bois, nous avons des marais, qui tous les jours nous offrent de nouveaux plaisirs. Partez avec votre chien d'arrêt ; parcourez les jeunes taillis, cherchez un coq-faisan au milieu du plus épais fourré : pendant une heure au moins il manœuvrera pour vous échapper, peut-être partira-t-il dans un endroit où les branches vous empêcheront de tirer ; qu'importe, vous le retrouverez demain, ou bien ce sera de la graine pour l'année suivante. Par-ci, par-là, vous verrez des perdrix qui partiront de loin ; mais, si le vent est fort, vous les surprendrez pelotonnées près d'une rachée. Un lapin déboulera sous vos pieds ; un lièvre, poursuivi par d'autres chasseurs, entraîné par la fatalité, viendra passer près de vous. Et qui sait ? vous trouverez peut-être quelques bécasses retardataires. Si aucune de ces circonstances ne se présente, si vous revenez bredouille, eh bien ! consolez-vous : en janvier, c'est une chose qui arrive aux plus grands chasseurs. Napoléon n'a-t-il pas eu son Waterloo !

Le lendemain, changeant d'allure, variez vos plaisirs : prenez vos chiens courants, faites retentir les bois de leurs cris et des sons harmonieux de la trompe ; marchez, courez soit à pied, soit à cheval, par le soleil ou par la pluie, dans la neige ou dans la boue ; ce sera toujours bien.

Et quel bonheur, si vous avez des loups ; en leur faisant une guerre à mort, vous conservez votre gibier : voilà une noble chasse. Les bêtes que l'on y détruit, au lieu d'être une perte pour l'année suivante, augmentent vos jouissances de tous les chevreuils, de tous les lièvres qu'elles auraient détruits.

Vous avez des marais dans votre voisinage, visitez-les deux fois par semaine. Il est bien de laisser l'eau tranquille pendant quelques jours pour que les nouveaux venus s'y reposent sans défiance. Soyez matinal, et, dans votre bateau léger manœuvré sans bruit, glissez le long des roseaux pour y surprendre les canards ; embusquez vous dans les touffes de joncs, et que d'autres chasseurs, venant de l'extrémité opposée, poussent vers vous les oiseaux effrayés. Mais j'ai froid, dites-vous ; eh bien ! qui vous empêche de vous réchauffer ? Mettez-pied à terre, et pataugez dans la boue avec vos longues bottes de cuir de Russie ou de caoutchouc. Sur les bords de l'étang vous rencontrerez des bécassines de plusieurs espèces, des poules d'eau ; vous trouverez peut-être ce canard démonté que votre chien n'a pas pu prendre trois jours avant: je m'en souviens, vous fûtes toute la soirée d'une humeur massacrante. Eh bien ! aujourd'hui ce canard sera pour vous la cause de quatre plaisirs : 1° vous prendrez le canard ; 2° vous le regarderez amoureusement avant de le fourrer dans la carnassière ; 3° vous l'apporterez à votre femme si toutefois vous avez le bonheur d'être marié et vous lui ferez admirer la beauté de ce noble oiseau ; 4° enfin, vous le mangerez, et, soit qu'on le fasse rôtir ou qu'on vous le serve en salmis assaisonné de ces précieux tubercules noirs venus de la Provence ou du Périgord, quand la bouteille d'excellent vin de Bourgogne aura convenablement réchauffé votre estomac, la digestion s'opérera d'une façon fort agréable, et vous vous endormirez dans une extase inconnue aux gens du monde.

FÉVRIER.

Lorsque février viendra, mars ne sera pas loin,
Bientôt de ton fusil tu n'auras plus besoin.

ÉPHÉMÉRIDE CYNÉGÉTIQUE.

En février 1474 , Louis XI fit marcher plusieurs
corps de troupes pour enlever, près de Tours,
des faucons que le duc de Bretagne devait recevoir de la Turquie. Cette opération mili-
taire eut un plein succès.

La chasse va finir : lorsque l'on quitte
pour long-temps une personne aimée, on
lui donne cinq ou six baisers bien appuyés.
« Je ne la verrai plus demain, embrassons-
la bien aujourd'hui. » Les chasseurs font la

même chose dans le mois de février ; ils savent qu'ils ne sortiront plus en mars, et ils restent dehors tant qu'ils peuvent. Donc vous continuerez le cours de vos exploits. Et pourquoi ne continuerait-on pas à faire ce qui plaît? Demandez aux dames, elles diront toutes que j'ai raison.

Les jours commencent à grandir ; par-ci, par-là, le soleil se montre dans toute sa beauté ; les perdrix s'accouplent ; les compagnies se divisent : alors un vrai chasseur qui veut conserver de la graine s'abstient de les tirer au hasard : je dis au hasard, car, en voyant deux perdrix réunies, il ne tuera que le mâle. Tout le monde sait que celui-ci part toujours le dernier à cette époque On se permet cette chasse quelquefois, mais pas souvent.

Les lapins sont en amour. Si vous en avez trop, c'est le moment d'en tuer beaucoup ; s'ils sont rares, gardez-vous d'en tirer un seul, vous risqueriez de manger dans un repas l'espoir de dix coups de fusil, l'avenir de dix gibelottes. Les gelées sont finies ; les chiens rencontrent mieux, leurs pattes ne se blessent plus sur les chemins gelés. La chasse au chien courant, que vous avez peut-être été forcé d'interrompre, va reprendre son cours bruyant et glorieux. On n'a plus froid, on n'a pas encore chaud; et, s'il y avait autant de gibier qu'au mois d'octobre, février serait charmant.

Si le 1er septembre est un jour de fête pour les chasseurs, le 28 février est un jour de deuil. ce qui n'empêche pas de rire et de s'amuser. On se réunit pour fermer la chasse, comme pour l'ouvrir; on tue moins de gibier, mais on boit autant de bouteilles. On fait le dîner d'adieux; chacun jure, sur la flamme bleuâtre du bol de punch, de recommencer dans six mois : ces joyeux serments sont toujours tenus, car il est certain que chaque année ils donneront des plaisirs nouveaux.

MARS.

Fermer en mars
C'est un peu tard :
En ne chassant plus en février,
Septembre remplira ton carnier.

ÉPHÉMÉRIDE CYNÉGÉTIQUE.

Mars 1391. Mort de Gaston Phœbus, comte de
Foix, auteur d'un ouvrage intitulé *le Miroir
de Phœbus des déduits de la Chasse*, etc. Ce
prince, revenant de chasser le sanglier, avait
très chaud ; il mourut subitement en se lavant
les mains.

La chasse est fermée, l'ordonnance du préfet va protéger le gibier pendant six mois ;
mais je crains bien qu'elle ne produise aucun
effet sur les braconniers. Ces gens-là ne sont
point arrêtés par les lois ni par les ordon-

nances. Que leur importe de payer de temps en temps vingt francs d'amende! le bénéfice d'une seule nuit ne suffit-il pas pour les indemniser? Les gardes feront bien de surveiller leurs pariades, les perdrix en amour sont faciles à prendre aux filets.

En mars un chasseur qui se respecte ne doit jamais tuer ni lièvres, ni lapins, ni perdrix, ni faisans. Loin de contrevenir aux lois, il devrait plutôt s'interdire la chasse avant qu'elle fût défendue. L'usage veut qu'on la ferme le 1ᵉʳ mars, mais les chasseurs consciencieux et prévoyants devancent l'époque et finissent le 1ᵉʳ février ou tout au plus tard le 15.

Cependant vous pouvez chercher les bécasses dans vos bois, les bécassins et les canards dans vos marais: ce sont des oiseaux de passage que vous ne reverrez plus; autant vaut-il en tuer quelques-uns. Lafontaine l'a dit :

Prenons ceci, puisque Dieu nous l'envoie,
Nous n'aurons pas toujours tel passe-temps.

Dans ce mois les chiennes commencent à

sentir le besoin de l'amour. « Croissez et multipliez. » Cette parole divine s'applique à tout le monde, à ceux qui portent des plumes ou du poil, comme à nous qui ne portons ni l'un ni l'autre; et l'on peut dire que de tous les commandements de Dieu, c'est celui qu'on exécute avec le plus de conscience.

AVRIL.

En mangeant en herbe son blé,
On est sûr de se ruiner.

ÉPHÉMÉRIDE CYNÉGÉTIQUE.

Avril 1530. François Ier, se promenant en habit de cour dans la forêt de Fontainebleau, est attaqué par un sanglier furieux ; il tire son épée et, la passant à travers du cœur de cet animal, il l'étend raide mort.

Le printemps a commencé, les amoureux et les poètes ont un vaste champ ouvert pour faire des phrases sur l'onde qui murmure et l'essaim qui butine, sur la rose qui pour rimer est à peine éclose et sur les tourterelles qui roucoulent. Si vous les écoutez ils vous diront: « Le printemps est la plus belle saison de l'année, heureux les pays où règne un printemps éternel! » Ce serait, ma foi, bien amusant d'y vivre sans jamais chasser. L'onde claire, les abeilles et les roses sont des niaiseries: passe encore pour les tourterelles, on en tue par ci par-là de fort bonnes. L'Eldorado que les chasseurs rêvent, c'est celui où l'on n'aurait que des mois de septembre et d'octobre, où ces deux mois, se succèdant toujours, amèneraient une suite de plaisirs jamais interrompus; et si le bon Dieu le voulait, ce serait pour lui chose aussi facile qu'à moi de caloter un perdreau à l'arrêt de mon chien.

Cependant puisque nous ne pouvons pas faire mieux, contentons-nous de ce qui existe.

Les cailles arrivent, les ortolans arrivent: ces intéressants oiseaux, qui au mois de septembre, avaient quitté l'Europe, reviennent de l'Inde et de l'Afrique pour se reproduire dans nos luzernes et dans nos vignes. Le chasseur a quitté son fusil, mais comme il a besoin de chasser, de méditer des ruses, de courir après un succès incertain, il part le matin à la pointe du jour, il place sur la cime des herbes une nappe de filet vert, il dispose un hallier sur le bord des blés, et, faisant jouer le sifflet, il attire le mâle-caille qui, bientôt s'envolant au moindre bruit, retombe enveloppé dans les bourses, ou s'engage dans des mailles dont il ne peut plus sortir.

Le chasseur de petits oiseaux tend ses filets vers le 2) avril, pour compléter ses appeaux et remplacer ceux qui sont morts pendant l'hiver. Il prend quelques ortolans, quelques linottes, etc., mais bientôt il se repose, car il ne veut pas manger son blé en herbe, sachant bien que c'est le meilleur moyen de se ruiner.

MAI.

Dans ce mois-cy repos complet,
Le gibier faut laisser en paix.

ÉPHÉMÉRIDE CYNÉGÉTIQUE.

31 mai 1574. Mort de Charles IX, roi de
France, auteur de *la Chasse royale*.

On ne doit point chasser au mois de mai,
c'est à dire qu'il ne faut point tuer les animaux d'une utilité reconnue en gastronomie
pratique. Quant à ceux qui mangent le gibier, comme les loups, les renards, les blai-

reaux, les fouines, etc., c'est le véritable moment de leur faire une guerre à mort. Si vous tuez la mère, vous détruisez les petits en même temps.

Accoutumé, comme vous l'êtes, à courir les champs et les bois, vous ne pouvez pas rester dans une honteuse inaction; vous seriez malade, et quand il faudrait recommencer, la moindre fatigue vous paraîtrait trop pénible. Marchez donc avec un chien d'arrêt, allez de grand matin vous poster à l'affût sur le bord de vos bois. Si le lièvre, le lapin, viennent se promener devant vous, si le coq-perdrix, poursuivant sa femelle, passe à portée de votre fusil, ne cédez point à la tentation, songez que le diable ne cherche qu'à vous pousser au crime. Attendez plus tard: quand viendra le mois de septembre, vous serez largement récompensé de votre abstinence; si vous viviez d'épinards et de haricots pendant le carême, vous éprouveriez des jouissances ineffables en mangeant une poularde le jour de Pâques.

Mais ces perdrix, ces lapins, ces lièvres ont des ennemis; attendez et ne bougez pas, vous verrez un renard les poursuivre; une

belette les guettera, un épervier planera
dans les airs ; profitez du moment, et que ces
ennemis du chasseur et du gibier tombent
sous vos coups. Si vous rencontrez un chat
maraudeur, qu'il meure : le renard tue pour
manger, mais le chat tue pour le plaisir de
tuer. Cette chasse sera sans profit immédiat
pour la cuisine, mais elle rapportera ses
fruits plus tard. Vous n'aurez pas même le
plaisir de vous servir de la peau du renard
que vous tuerez, car dès le mois de mars, cet
animal mue, son poil tombe, et sa peau ne
devient bonne qu'au mois de novembre.
L'affût a ses plaisirs ; il offre des craintes,
des espérances, des battements de cœur; on a
des émotions, et cela fait vivre. Songez toutefois que cette manière de chasser n'est per-
mise que pour tuer les animaux nuisibles;
relativement au gibier, elle est interdite aux
honnêtes gens.

JUIN.

Tuez les geais, les pies, les buses ;
Ces oiseaux sont remplis de ruses.

ÉPHÉMÉRIDE CYNÉGÉTIQUE.

Juin 1328. Naissance de Gace de La Vingne ,
auteur d'un poème sur la chasse , intitulé *le
Roman des Déduits*.

Si vous buvez toujours à la même bouteille, elle sera bientôt vide ; si vous tuez toujours du gibier, vous n'en aurez bientôt
plus. Il faut donc remplacer, autant qu'il est
possible, celui qui est mort au champ d'honneur.

Au mois de juin les perdrix couvent, on fauche les luzernes, et l'on trouve des nids dont les œufs sont près d'éclore. Achetez-les aux faucheurs, donnez-leur une prime pour qu'ils ne les gâtent pas, placez les œufs sous des poules, et vous aurez une armée de petits perdreaux. Faites chercher des fourmilières dans les bois, et, avec les larves que vous y trouverez, nourrissez vos couvées. Ainsi, annulant les dommages que l'agriculture fait à la chasse, vous rétablirez l'équilibre. Cette occupation sera fort intéressante pour vous, pour votre femme et pour vos enfants. Elle vous donnera du plaisir en espérance; il faut semer pour recueillir.

Votre chienne d'arrêt, vos lices ont mis bas, ces petits chiens à choisir, à soigner, vous occuperont encore. De temps en temps vous sortirez le fusil sur l'épaule comme au mois de mai. Vous chercherez les nids de pie, vous les apercevrez facilement sur la cime des arbres. Alors, mettant du plomb numéro 4 dans votre canon, tirez plusieurs coups dans le nid, tuez la mère, cassez les œufs, tuez les petits. Guerre à

mort aux pies, elles mangent les perdreaux,
les cailleteaux ; elles sont même assez har-
dies pour enlever les poulets dans le voisinage des fermes. Traitez les geais, les buses, les éperviers, de la même manière; ces
gens-là ne vivent qu'au dépens des chasseurs.

Si vous blessez un geai, prenez-le dans la
main gauche, et, tenant votre fusil en joue,
faites crier l'oiseau ; ses camarades, le sachant en danger, viendront pour le secourir,
et vous tuerez bientôt tous ceux qui se trouvent dans les environs.

Procurez-vous une chouette, un hibou, un
grand-duc, attachez-le par les pattes sur une
branche dégarnie de ses feuilles, embusquez-
vous près de là, vous tuerez des éperviers et
quelques pies. Cette chasse est non seulement d'une grande utilité; mais encore elle
est fort amusante.

Au mois de juin, les chasseurs aux filets
commencent à faire de petites excursions
dans le voisinage; ils prennent les jeunes
moineaux qui sont fort tendres et peu ru-
sés; les pauvres petits n'ont point encore
parcouru le monde, ils ignorent l'art de se
sauver de nos piéges et de nos broches.

JUILLET.

Quand juillet arrive, crois
Que tu chasseras dans deux mois.

ÉPHÉMÉRIDE CYNÉGÉTIQUE.

10 Juillet 1254. Arrivée en France de saint
Louis revenant d'Egypte, et amenant une
excellente race de chiens gris qu'il avait fait
acheter dans la Tartarie.

Pendant le mois de juillet on continue la
guerre aux animaux nuisibles: les perdreaux
qu'on a fait couver par des poules commencent à devenir gros, et on les lâche dans les
blés avec leur mère. Il faut les mettre dan

les pièces les plus voisines de la maison où demeure le garde. Si vous avez des faisans élevés de cette manière, mettez-les dans le bois, près de la plaine et dans un lieu facile à surveiller. Ces perdreaux et ces faisans sont moins farouches que ceux nourris dans l'état sauvage; les braconniers le savent, ainsi prenez garde à vous!

Les chasseurs aux filets entrent en campagne à la fin de ce mois; ils vont tendre leurs nappes pour chasser aux jeunes, car le passage ne commence pas encore. Ils prennent des ortolans qui leur serviront d'appeaux l'année prochaine, des linottes, des pinsons, etc., qui seront déjà très bons au mois d'octobre.

En juillet, vous vaccinerez vos jeunes chiens nés en mai ; pour cela on attend ordinairement qu'ils soient âgés de six semaines ou de deux mois. La vaccine est le meilleur et même le seul moyen de les préserver de la maladie. L'opération se fait comme pour un enfant ; on choisit sous les cuisses la partie où il se trouve le moins de poil, et, après avoir légèrement ouvert la peau avec la pointe d'une lancette, on introduit le

vaccin, soit avec un tuyau de plume, soit
avec cette même lancette. Quelques jours
après les boutons se forment, ils deviennent
jaunes, et le chien continue à se bien porter. C'est à M. de Wanderburg que les chasseurs doivent cette découverte ; le premier
il a essayé la vaccine sur les chiens, et l'ex-
périence a parfaitement réussi. Moi-même
j'ai souvent répété la chose, et jamais les
chiens ainsi opérés n'ont eu la maladie. Cela
se comprend fort bien, car si la vaccine préserve les enfants de la petite-vérole, pourquoi ne garantirait-elle pas les chiens d'un
mal à peu près semblable ? il existe plus d'a-
nalogie entre une vache et un chien qu'entre une vache et un homme.

AOUT.

Août commence,
Prends patience,
Août finit,
Prends ton fusil.

ÉPHÉMÉRIDE CYNÉGÉTIQUE.

31 Août 1483. Mort de Louis XI, le plus fameux chasseur de son siècle.

Ce mois comble les désirs du laboureur; il le paie de ses peines passées, le chasseur ne jouit encore qu'en espérance. Mais cette espérance est si voisine de la réalité qu'elle est déjà considérée comme un plaisir. En effet, le chasseur en se promenant dans la plaine questionne les moissonneurs. « J'ai vu trois lièvres dit l'un, j'ai levé plus de cent perdreaux dit l'autre. Si vous ne tuez pas des lapins, vos betteraves seront mangées.»Bon ! dit le chasseur, nous nous amuserons cette année, on a toujours assez de betteraves; on en a même trop, les colonies sont ruinées, les armateurs sont ruinés, ayons des lapins par philanthropie.

Au mois d'août on s'occupe journellement du mois de septembre. L'un raccommode ses vieilles guêtres, l'autre en commande des neuves, tous les chasseurs visitent leur fusil, chacun fait ses provisions de poudre, de plomb, de capsules, de bourres, de cartouches. Le tailleur, le cordonnier sont visités souvent, les boutiques des armuriers ressemblent aux antichambres des ministres. Les bureaux de toutes les préfectures sont assiégés par une foule d chasseurs, qui viennent demander, moyennant quinze francs, un permis de port d'armes. Médor et Flore acquièrent une haute importance; en juin, en juillet, on ne faisait presque pas attention à eux, aujourd'hui on les caresse, on les soigne, on les promène pour les habituer à la fatigue. Et nous avions tort vraiment de ne pas nous occuper de nos chiens: ce sont nos meilleurs amis. Rappelez vos souvenirs ; vous avez eu des maîtresses qui vous ont trahi, vous avez rencontré des hommes qui vous ont attaqué, vos chiens vous aimeront toujours, et quand il s'agira de vous défendre, le nombre de vos ennemis ne les effrayera jamais.

C'est le moment d'épiner la plaine ; suivez les moissonneurs, dès qu'une pièce de terre est dépouillée de sa récolte, n'attendez pas au lendemain pour la couvrir d'épines. Qu'elles soient nombreuses, irrégulièrement plantées ; je connais des propriétaires qui enfoncent en terre des morceaux de fer armés d'un triple crochet. Lorsque les filets du braconnier rencontrent cet obstacle, tout est mis en pièces. Ces crochets doivent être profondément enfoncés dans la terre : il faut que les gardes les posent le soir et qu'ils les ôtent à la pointe du jour; sans cette précaution, les paysans viendraient s'approvisionner de fer dans vos terres. Notez bien qu'un seul de ces crochets vaut mieux que trois douzaines d'épines.

Le chasseur aux filets entre en campagne dès le 15 août. Le passage des ortolans et de quelques autres oiseaux commence à cette époque. Il n'attend pas que les récoltes soient enlevées, il lui faut seulement une perche de terre.

Le chasseur au chien d'arrêt dit chaque soir en se couchant : « Je n'ai plus que tant de jours à passer avant d'être au premier septembre. » On s'aborde au mois d'août par ces mots : « L'ordonnance a-t-elle paru ? Quel jour ouvre-t-on ? Les avoines sont-elles rentrées ? » Les têtes fermentent, on n'a plus qu'une idée, qu'une manière de s'exprimer; on parle de l'ouverture, on en rêve; si le grand jour n'arrivait pas bientôt, il faudrait agrandir l'hôpital des fous; car on y amènerait des chasseurs par centaines.

Et cette attente est un plaisir : on jouit par la pensée comme lorsque on arrive le premier à un rendez-vous d'amour. L'imagination trotte; si votre maîtresse venait tout de suite, ce serait moins agréable, car vous perdriez toutes les gradations qui vous conduisent insensiblement au bonheur.

PRONOSTICATIONS

POUR L'ANNÉE DE CHASSE

1839-1840.

Il faut de toute nécessité qu'un almanach prédise quelque chose; celui qui ne contiendrait pas au moins une douzaine de prophéties pourrait être comparé au fusil dans lequel on aurait oublié de mettre du plomb. Que dis-je? ce fusil ferait du bruit et l'almanach ne ferait rien du tout. Ses malheureuses pages, perdant leur forme rectangulaire, roulées en cornets par le garçon épicier, seraient bientôt déshonorées par le poivre et la cannelle, ou peut-être encore auraient-elles une destinée moins noble.

Un almanach n'est pas fait pour raconter le passé. Le passé! mais c'est de l'histoire, voilà tout. Eh! mon Dieu, qui ne sait pas l'histoire! On lit un ou deux milliers de volumes, et puis c'est fini. Vous et moi nous l'avons apprise par cœur. Ne trouvez-vous pas qu'il serait bien plus agréable de connaître l'avenir, d'être instruit de tout ce qui doit arriver? Sans doute, car alors on prend ses précautions, et chacun, évitant les dangers qui le menacent, parvient toujours sain et sauf au but du voyage... s'il ne bronche pas en route.

Or donc, ami lecteur, je vais vous raconter bien des choses qui arriveront dans l'année de chasse qui va s'ouvrir. Pour vous, comme pour le vulgaire, elles sont couvertes par les nuages de l'avenir, mais j'ai des yeux assez perçants pour lire à travers les brouillards. Armé d'une grande lunette à faire peur aux gens, toutes les nuits j'explore les campagnes de l'air, et j'interroge les astres qui, depuis long-temps, n'ont plus de secrets pour moi. Ce n'était pas petite affaire que de connaître les mystères de leurs rotations et de leurs conjonctions ; à force de travail et à l'aide d'un précieux manuscrit de Mathieu Lænsberg, j'y suis parvenu. Heureux lecteur ! sans prendre nulle peine vous allez jouir du fruit de mes élucubrations nocturnes.

Et d'abord je dois commencer par vous apprendre à savoir le temps qu'il fera ; c'est la moindre des choses qu'on puisse trouver dans un almanach. Je débuterai par un proverbe d'une incontestable vérité.

> Rouge vespre et blanc matin,
> C'est le souhait du pélérin.

Le Livre du roi Modus, le plus ancien des ouvrages écrits en français sur la chasse, contient cette même pronostication. « Les signes journels sont tels ; s'il est rouge au matin, il plouvra le soir ; s'il est rouge le soir, on aura beau temps le lendemain. S'il y a le matin de longues rayes par les nues jusqu'à terre, il ne fera pas beau long-

temps. » Les Provençaux disent à peu prés
la même chose dans ces quatre vers :

>Rougè dé sére
>Béou tèm éspère
>Rougé dè matin
>Bagne soun vésin.

Voici d'autres proverbes dont vous ferez
usage dans l'occasion :

>Temps pommelé, femme fardée
>Ne sont pas de longue durée.

>La lune pâle est pluvieuse,
>La rougeâtre est toujours venteuse,
>La blanche amène le beau temps.

>Fille mariée, lune et bon vent
>Font parfois prendre le devant.

>Quand en été les nues vont
>De la terre en contremont,
>Ou quand la terre n'est mouillée
>Au frais matin de la rosée,
>Dy hardiment selon ta guide,
>Que ce jour-là sera humide.

>Oiseau qui en son nid se retire
>Et cil qui ses plumes attire,

Ou se mouille, ou bien fort crie,
La pluie est près, quoi que l'on die.

Troupe d'oiseaux, laissant les bois,
Cherchant tant villes que villages,
Nous a bien prédit plusieurs fois
Forte pluie et grands orages.

Si tu te sens piqué des mouches,
La pluie va tomber sur les souches.

Brouillard qui ne tombe pas
Donne pour sûr de l'eau en bas.

Quand le soleil se joint au vent,
On voit en l'air pleuvoir souvent.

Tant vente qu'il pleut;
Cum benè spiravit, desuper unda fluit.

On raconte que les habitants de Beaune, ayant fait des prières pour avoir de la pluie, obtinrent ce qu'ils demandaient. Les magistrats, néanmoins, trouvèrent mauvais qu'on eût prié Dieu sans les avoir consultés. En conséquence ils déclarèrent les prières nulles et la pluie de nul effet.

Les proverbes sont souvent faux , mais ils sont quelquefois vrais. Quand vous serez à la chasse et qu'il fera chaud , ne vous couchez pas au soleil ni sur l'herbe , vous pourriez vous endormir, et

> Soit dans un pré, soit au soleil
> Est très nuisible le sommeil.

D'ailleurs *l'école de Salerne* recommande fort de ne point dormir dans le jour : *Fuge somnum meridianum,* dit-elle.

Un vieux vers latin recommande même de ne jamais s'asseoir au soleil pendant les mois dont le nom renferme un r.

> *Mensibus erratis ad solem ne sedeatis.*

Or, tous les mois où l'on chasse contiennent un r. Autrefois nos aïeux ne buvaient que du vin pur pendant ces mois *errés.*

> *Mensibus erratis purissima vina bibatis.*
> *R quibus est nullum, diluat unda merum.*

ce que l'on a traduit en partie par ces deux vers français :

> Boire eau point ne devez
> Aux mois où R trouverez.

Mais voici un autre proverbe qui dit tout le contraire :

Aux mois qui sont escriptz en R,
Eau fault mettre dedans son verre.

Lequel croire ? prenez le juste-milieu. A la chasse d'été le vin pur échauffe et altère trop. L'eau pure affaiblit et fait beaucoup suer ; buvez peu et mêlez l'un et l'autre, ou, pour me servir d'une expression mythologiquement prétentieuse, mariez les Nymphes avec Bacchus.

———

La chasse n'est pas encore ouverte et, j'entends des coups de fusil ; on tire à chaque instant ; tue-t-on les perdreaux sous leur mère ? Non, Dieu nous préserve de voir une telle énormité ! Je vois un chasseur aux filets qui à ce noble titre joint celui de chasseur au fusil. Hier il a pris quatre ou cinq douzaines de moineaux ; aujourd'hui, en les lâchant l'un après l'autre, il les tire au vol. De cette manière il a deux plaisirs au lieu d'un, et puis il s'exerce à juger les distances, à ne point se presser, à bien viser avant de serrer la détente, à laisser filer la pièce. On peut parier qu'au premier septembre il tirera bien mieux que l'année dernière.

Imitez ce chasseur, mais surtout ne vous amusez pas à tuer des hirondelles ; cet oiseau ne fait que du bien, par conséquent vous devez le laisser vivre. D'ailleurs il va, il vient ; l'occasion de le viser se retrouve à chaque instant, et par cette raison il est plus facile à tirer que le moineau. Celui-ci une fois lâché file droit, et si vous le manquez vous ne le revoyez plus ; en tirant des moineaux vous vous accoutumerez plus à la chasse du perdreau que si vous passiez une journée à faire peur aux hirondelles.

Mais, direz — vous, comment prendrai-je des douzaines de moineaux ? Rien n'est plus simple. Heureusement pour vous j'ai prévu l'objection. Allez voir M. Tresse, successeur de M. Barba au Palais-Royal ; le premier venu vous l'indiquera, et au besoin vous trouveriez son adresse en tête de cet almanach. Répétez à cet honnête libraire la demande que vous venez de me faire, et aussitôt, moyennant la bagatelle de 7 fr. 50 c., il

vous présentera un bel in - 8, avec couver-
ture rose où vous lirez en lettres noires :
LE CHASSEUR AUX FILETS OU LA CHASSE DES
DAMES. Si vous aimez mieux des lettres
rouges, il vous en donnera, car il fabrique
des livres de toute façon. Dans celui-là vous
trouverez *les habitudes, les ruses des petits
oiseaux, leurs noms vulgaires et scientifiques,
l'art de les prendre, de les nourrir et de les
faire chanter en toute saison, la manière de les
engraisser, de les tuer et de les manger.* Il y a
bien des choses dans ce livre-là, comme vous
voyez ; si la qualité ne s'y trouve pas, vous
vous rattraperez au moins sur la quantité.

Regardez ce gamin qui pendant la nuit
applique une échelle contre cette porte. C'est
un voleur, sans doute, et je crains fort pour
lui, car là demeure un chasseur qui pourrait
bien le faire descendre plus vite qu'il ne
monte. Il va sans doute entrer par la fenê-
tre ; non, il reste collé devant la porte, et
que peut-il faire la nuit dans cette position ?

Décidément ce gamin est un jeune fou,
ses parents doivent l'enfermer ; s'exposer à

recevoir un coup de fusil, et pourquoi? le
croiriez-vous? Il coupe les pattes des éper-,
viers, des fouines, des pies, des chouettes
enfin de tous les animaux nuisibles, que le
chasseur a clouées devant sa maison comme
trophée de ses victoires. L'opération finie, il
part au triple galop. Voyez son air joyeux.
« Allons, dit il, j'ai bien gagné ma journée,
le garde sera content et moi aussi. » Je me
donne au diable pour deviner comment cela
peut faire tant de plaisir à deux personnes,
car enfin je ne pense pas que ces messieurs
veuillent manger des pattes d'éperviers, de
pies, de fouines, de chouettes; ces choses-là
n'ont jamais joui d'une grande réputation en
gastronomie.

Je suis curieux, et vous aussi, n'est-ce pas?
Eh bien! suivons le gamin; il marche, il
marche, bon, il s'arrête, il frappe à la porte
d'un garde, on ouvre, entrons avec lui.

— Eh bien, y a-t-il gras?

— Oui, père Renard, cela va bien.

— Qu'est-ce que tu m'apportes?

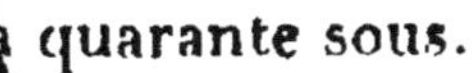 Quarante paires de pattes.

— Voilà quarante sous.

7

— Merci, je connais encore trois portes à dévaliser.

— Travaille, mon ami, c'est le véritable moment.

— Ne vous les paie-t-on pas cinq sous en tout temps?

— Si fait : mais dans cette saison la chasse n'est pas ouverte, et il faut montrer au maître quelque chose pour les coups de fusil qu'il m'entend tirer.

— Tiens, c'est vrai, père Renard, vous en savez plus que moi.

— Je suis plus vieux, c'est tout simple.

— Mais il me vient une idée ; dans ce temps-ci vous devriez me donner quelque chose de plus : vous m'aviez promis six liards pour deux pattes, il faut, voyez-vous, que tout le monde vive.

— Tu n'es pas content de gagner quarante sous dans une heure?

— Si, mais j'aimerais mieux trois francs.

— Ah ! le petit mauvais sujet.

— Tiens, et vous qui sans bouger de place revendez cinq sous mes pattes d'un sou? Et puis cela vous donne l'occasion de tuer des perdreaux, des lapins, des lièvres, et dans cette saison ils se vendent joliment. Hier un coquetier qui buvait bouteille à l'auberge, chez Guillemin, disait comme ça qu'il payait les perdreaux quarante sous la pièce, les lapins trente sous; ah! vous devez en faire de ce beurre, père Renard; en avez-vous de ces écus!

— Et ma poudre, et mon plomb, et mes souliers que j'use?

— Bah! bah! bah! ça n'empêche pas que vous me donnerez six liards.

— Allons, gueulard, tais-toi, tu les auras tes six liards.

— Vous êtes un brave homme; demain je veux vous apporter les pattes de deux buses, je connais un blaireau quelque part, et je vais tâcher.....

— Ah! oui, cela me conviendrait bien, car nous en avons un qui ravage nos terriers.

— Le maître sera bien content de le croire mort.

— Oui, voilà plusieurs fois que je veux le guetter, mais au moment d'aller me mettre à l'affût, je rencontre toujours quelqu'un qui m'en empêche.

— En vous menant au cabaret.

— Mais il y passera quelque jour.

— Et que direz-vous alors si demain vous faites voir ses pattes ?

— Oh ! que t'es bête, ne peut il pas y avoir deux blaireaux ?

— C'est juste : le mâle et la femelle.

———

Voilà une terre bien mal gardée , me dis-je, en apercevant au bout de ma lunette plusieurs braconniers traînant un énorme filet dans les chaumes. Rien ne les arrête, les épines arrachées sont en fagots sur le bord d'un fossé. Comment ! le garde est endormi ? Cependant les compagnies de perdreaux sont nombreuses, la chasse s'ouvre dans trois jours. Je ne puis comprendre la paresse de cet homme-là. Bon ! je le vois enfin, sa plaque de métal, symbole de sa dignité, brille sur sa large poitrine; le gaillard est fort, nous allons voir beau jeu, nous sommes aux premières loges.

Eh ! mais... on s'aborde tranquillement, on ne se dispute pas, qui diable trompe-t-on ici ? ces gens-là sont tous d'accord !!! Le garde qui a déjà fait un voyage, portant

chez lui plus de cent perdreaux morts, re-
vient pour remplir de nouveau le sac! Ah!
coquin, je jure que demain je vais le dire à
tes maîtres. Nous verrons si tu recevras long-
temps encore des gages pour les trahir d'une
manière aussi infâme. Sot que je suis! je devine ce qui se passe dans le ciel, et comme
un benêt je ne soupçonne point ce que l'on
fait sur notre terre. Eh! mon Dieu, les maîtres de ce garde sont là, ce brave homme les
aide à dépeupler la plaine.

Bah! direz vous, vous nous contez une
plaisante histoire; je sais moi qu'ils ont
élevé plus de cinq cents perdreaux à grands
frais; pourriez-vous supposer qu'ils les enle-
vassent tous dans une nuit, ils n'auraient
plus le plaisir de chasser?

Ami lecteur, tout à l'heure j'étais un sot,
un benêt, je vous l'ai dit en m'exécutant
avec toute la franchise qui me caractérise.
Mais je vais avoir mon tour avec vous, et je
prendrai la liberté grande de vous traiter
d'imbécile. Ces maîtres de la chasse sont
des épiciers spéculateurs; ils ont des actionnaires qui paient le loyer, les œufs de perdrix, les poules pour les couver, les œufs de

fourmis, les épines que l'on plante et celles qu'on ne plante pas, les lièvres et les lapins que l'on lâche et ceux qu'on ne lâche pas, les gages du garde, etc., etc.; mais on ne les appelle que pour payer, sans cela à quoi serviraient-ils? Une fois ces perdreaux élevés avec l'argent des badauds de la ville, on les prend pour les vendre au marché, on retire ainsi d'un sac deux moutures. Le lendemain et jours suivants tout cela sera mis sur le compte des braconniers, qui diront comme certaines dames : « Notre métier ne vaut plus rien depuis que les honnêtes gens s'en mêlent. »

Un de ces entrepreneurs de chasse, Robert Macaire cynégétique, avait mis sur ses prospectus cette phrase pour servir de hameçon aux actionnaires : « On ne devra tuer que douze lapins et quatre lièvres par jour; les chasseurs qui ne se conformeront pas à cet article du réglement paieront dix francs d'amende pour chaque lapin ou lièvre tué en sus du nombre fixé. NOTA : Le tir des perdreaux et des cailles est illimité. » — Diable! dirent les jobards, mais c'est un fort joli pis-aller; prenons une action. — J'en prendrai deux, dit M. C., de cette manière je pourrai tuer huit lièvres et vingt-quatre lapins chaque jour. » Le malheureux! il ne les tua pas dans son année.

Ceci me rappelle ces recruteurs du quai de la Ferraille qui, une fois entourés des badauds villageois, leur tenaient ce langage : « Aimez-vous le poulet rôti? Dans ce cas je vous dirai : Engagez-vous; si vous ne l'aimez pas, restez dans votre famille, vous seriez trop malheureux à l'armée. C'est tout simple, on n'a pas toujours le temps de préparer à dîner; dans ce cas on donne à chacun son poulet, son pain de deux livres, sa bouteille de vin, et à la guerre comme à la guerre. »

Il faut défendre son bien par des moyens légaux et non par ceux que les lois et la conscience réprouvent. Du haut de mon observatoire je vois un chasseur qui pour se débarrasser des braconniers emploie des ruses qui le conduiront un jour sur les bancs de la cour d'assises. Il se lève avant le jour; il va décrocher le lapin pris au collet, il en substitue un autre dont le ventre est rempli d'un pétard fulminant. Lorsque l'homme de nuit viendra visiter ses piéges, au moindre attouchement le ventre du lapin éclatera comme une bombe, et probablement le braconnier aura la figure brûlée.

C'est ainsi qu'il traite les poseurs de collet. Quant à ceux qui chassent au fusil, ce monsieur-là sait les tuer d'une autre manière ; il s'introduit chez le paysan qui chasse à l'affût le soir ; il profite d'un moment d'absence pour causer avec la ménagère, et lui demande une tasse de lait. Pendant que celle-ci va traire la vache, resté seul, il prend le fusil suspendu contre la cheminée, et le remplit de poudre à un pied de haut ; là-dessus il met plusieurs bourres qu'il entasse à grands coups de baguette.

Le soir venu, la paysanne est veuve. Comment est-il mort ce malheureux Mathieu? Son fusil a éclaté et lui a brisé la tête. Le lendemain dans le village chacun s'aborde en parlant de ce pauvre diable : « Son fusil était bien mauvais, dit l'un ; — il ne savait pas le charger, dit l'autre.

Je vois d'ici un chasseur qui punit les braconniers d'une manière moins violente, et qui ne lui laissera aucun remords sur la conscience. S'ils ont des ruses, il sait les déjouer; tout en conservant ses lapins, il ne tue personne. Pendant le jour, lorsque la terre est humide, il se promène au bord de ses bois, muni d'une patte de lièvre, de lapin et de faisan. Lorsqu'il rencontre un buisson, posant une de ces pattes dans la boue, il laisse quelques empreintes bien visibles. Le soir arrive et le braconnier se met en campagne : « Diable, dit-il, voilà une coulée où passe un lapin; en voici une autre fréquentée par un maître lièvre, des faisans viennent au gagnage dans cet endroit, posons des collets. J'ai des piéges de fer dans ma poche, c'est le cas de les mettre ici. » Donc notre homme, se cachant comme un renard, arrange tous ses instruments de dommage, espérant bien que le lendemain il ira porter du gibier au marché. En retournant auprès de sa femme il fait des châteaux en Espagne; il se voit déjà possesseur de trois ou quatre belles pièces de cent sous toutes neuves, mais son histoire finira comme la fable de la laitière.

Pendant la nuit notre chasseur se rend au bois; partout où les pattes ont été imprimées, il rencontre un collet, un piége qu'il prend. Sa visite est bientôt finie, il n'a pas besoin de chercher long-temps, puisqu'il a désigné lui-même au braconnier les endroits où la récolte serait bonne. Tel Napoléon attirait ses ennemis sur un champ de bataille de son choix, où il les battait à son aise.

Que de tilburys et de cabriolets, que de landaus et de calèches partent aujourd'hui! Toutes les routes sont couvertes de chasseurs; les uns sont à pied, d'autres sont en voiture; ceux-ci vont à cheval, ceux-là vont en bateau. Je vois un fashionable propre et luisant, comme tout dandy doit être, à la chasse et ailleurs; il arrive au rendez-vous. La bande joyeuse marche vers la plaine, pourquoi donc reste-t-il en arrière? il parle à son groom, et celui-ci lui fourre dans la carnassière, dix perdreaux et deux lièvres qu'il retire du cabriolet. A la bonne heure, c'est un excellent moyen pour ne pas revenir bredouille.

Je reconnais ce monsieur ; l'année dernière à pareil jour, il ne tua rien et il rapporta chez lui vingt pièces de gibier ; de sorte que les chasseurs lui firent des moustaches, et sa femme le crut d'une adresse admirable ; voyez la différence !

L'aigle d'une maison est un sot dans une autre.

Je trouve que sa manœuvre d'aujourd'hui est beaucoup plus rationnelle : puisqu'il achète des perdreaux, il vaut mieux les porter en allant à la chasse que de les prendre au retour ; de cette manière on trompe tout le monde. Mais que fait-il donc ? le voilà qui place tout son gibier par terre, sur une ligne, et puis de ses deux coups de fusil notre homme tue tous ses perdreaux morts. Vous ne devinez pas ? eh bien ! je vais vous expliquer la chose. Ces perdreaux ont été pris au filet par des braconniers ; ils ne portaient aucune blessure sur leur corps, et deux coups de fusil feront croire au plus clairvoyant qu'ils sont morts glorieusement au champ d'honneur.

Eh! mon Dieu, je crois qu'on se dispute là-bas. Comment? Ces messieurs partent pour s'amuser, et à peine sont-ils dans les champs, ils se querellent?

— C'est moi qui ai tué ce lièvre.

— Non, c'est moi.

— Je l'ai tiré en plein travers.

— Et moi aussi.

— Non, monsieur, quand vous avez serré le doigt, il n'avait pas encore fait le crochet.

— Vous vous trompez, monsieur.

— Eh bien, nos camarades ont vu la chose, prenons-les pour arbitres.

— J'y consens.

— Vous les reconnaissez pour gens loyaux et experts sur la matière?

— Certainement.

Les camarades adjugent le lièvre à l'un des deux chasseurs, qui tout bas se dit d'un air joyeux: « Ma foi, j'ai eu raison de faire décider la question par des hommes de bon sens. » L'autre marmotte entre ses dents: « J'ai eu bien tort de remettre ma cause entre les mains de ce tas d'imbéciles. »

Quel est ce chasseur à fusil neuf, à carnassière neuve? Chez lui et dans lui tout est neuf. Il vient de tirer pour la première fois de sa vie, et, chose étonnante, son plomb n'a point frappé dans le vide. Ma foi, oui, la bête est morte, nous allons le voir bien joyeux. Comme il sera fier en retournant ce soir auprès de sa maman. Mais non, il pleure, il crie, il se désole, regardons encore.... Ah! le malheureux, nous devons le plaindre, il visait un lièvre, il a tué son chien. Aussi pourquoi diable visait-il le lièvre!

———

Une loi contre le braconnage sera présentée aux chambres. Oh! les belles phrases qu'on va répéter contre l'aristocratie qui lève son front superbe; elle a l'audace de vouloir conserver ses perdreaux, comme si c'était du foin! Je vois bien des députés qui taillent leurs plumes; ils se préparent à faire de l'éloquence contre cette infâme loi, car, avant tout, il faut conserver sa popularité. La popularité! c'est le despotisme des gouvernements représentatifs. Mais lorsqu'on possède on veut garder, lorsqu'on a des terres on veut chasser: jamais loi n'aura donné matié-

re à plus de bavardage de tribune, et cependant, lorsque viendra le scrutin secret, elle
sera votée à l'unanimité.

Malgré la loi faite par la trinité constitu-
tionnelle, je vois encore bien des braconniers.
Quelle horreur! ils tuent la perdrix qui cou-
ve! les marchands de gibier sont approvi-
sionnés en mai, en juin, comme en septembre. Au commencement de juillet, on voit
chez les restaurateurs des perdreaux gros
comme des cailles maigres, et ces gens-là
trouvent des infâmes pour les manger! Eh!
malheureux, si vous voulez commettre un
péché, faites en sorte d'y trouver du plaisir.
Une pomme de terre est cent fois préférable;
en la digérant, vous aurez au moins la conscience en repos.—Mais, direz-vous, je ne les
ai pas tués.—Qu'importe, le receleur n'est-il
pas puni comme le voleur? Si tant de gens
s'introduisent la nuit dans les maisons, c'est
parce qu'ils savent où déposer le fruit de
leurs rapines. Si les braconniers ne trou-
vaient point des gourmands qui croient être
gastronomes, en payant un mauvais plat fort

cher, passeraient-ils leur temps à dévaster la plaine quand le blé n'est pas mûr? Honnêtes gens, venez au secours de la loi, coalisez-vous à votre tour, mangez du bœuf et du mouton, n'achetez jamais des lièvres, ni des faisans, ni des perdr x lorsque la chasse est prohibée. Quand ces brigands ne pourront plus les vendre, ils braconneront moins, car je n'ose pas dire qu'ils ne braconneront pas.

Quelle est cette armée de gardes, que j'aperçois dans la plaine? Ils ont tous la bandoulière rouge et la plaque de cuivre; ils chassent, ils tirent, ils tuent à qui mieux mieux. Peut-être les maîtres sont abs nts, et ces messieurs profitent de l'occasion pour s'en donner à cœur joie; mais le propriétaire de cette terre n'a jamais eu vingt gardes: le malheureux! il ne mangerait pas dix perdreaux dans son année. Je braque ma lunette, et sur la poitrine de tous, je lis : GARDE CHAMPÊTRE HONORAIRE DE LA COMMUNE DE.... Ce sont des chasseurs qui, pour avoir le droit de faire des procè -ve ' aux contre les braconniers, ont prêté serment devant le juge de paix; ils sont commissionnés gardes-champêtres. Foi est due à leurs rapports jusqu'à preuve contraire. J'approuve cette manœuvre, elle est bien conçue, et j'engage les chasseurs à se garder eux-mêmes. Allons, je ne désespère plus de nous; le siècle marche, et les astres, en roulant sur nos têtes, amènent chaque jour quelques bonnes idées dans les cerveaux humains.

A la bonne heure, voilà un chasseur intrépide; malgré les torrents de pluie qui tombent, il va toujours, et, surprenant les perdreaux blottis sous des touffes de betteraves, il remplit sa carnassière plus facilement peut-être que par un beau soleil. Regardez ses camarades à l'autre bout de la plaine, ils courent pour chercher un abri: effrayés comme des moutons en présence du loup, ils verraient cent perdreaux se remettre dans la luzerne voisine qu'ils ne se détourneraient point pour les chercher.

J'aime ce chasseur: en sentant le vent du sud-ouest ce matin, il a prévu l'orage et s'est vêtu de manière à en neutraliser l'effet. Les étoffes en caoutchouc, les taffetas gommés, les toiles cirées garantissent de la pluie, mais elles ont l'inconvénient grave de fermer le passage à la transpiration, et, tout en marchant, on a le désagrément de prendre un bain de vapeur, chaud pendant l'été, froid pendant l'hiver. Le chasseur que je vois au bout de ma lunette sait tout cela, et il emploie une fort bonne recette que je vais vous donner, car je ne veux rien avoir de caché pour vous.

Faites dissoudre dans un litre d'eau de pluie ou d'eau distillée une demi-once de colle de poisson de Russie, bien pure; faites fondre séparément une once d'alun dans deux livres d'eau bouillante, et une once de savon blanc dans une livre d'eau. Après avoir filtré séparément ces solutions, on les verse ensemble dans un vase qu'on place sur le feu. Lorsque la liqueur a jeté un bouillon, on la retire, et on y trempe une brosse qu'on passe à l'envers de l'étoffe étendue sur une table. Cette étoffe étant séchée, on la brosse à contre-poil ; enfin on y passe une brosse trempée dans l'eau claire, afin d'enlever le lustre produit par l'application de l'apprêt. Trois jours après l'opération, l'étoffe est parfaitement sèche et impénétrable à l'eau.

Voici encore une autre recette dont ce digne chasseur fait usage. Si vous voulez l'imiter, prenez un quart d'once d'alun, une demi-once de colle de poisson, faites dissoudre le tout dans la sixième partie d'un litre d'eau-de-vie et sur un feu doux ; ensuite ajoutez deux litres d'eau fraîche si vous voulez opérer sur une aune de drap, ou un litre d'eau, s'il s'agit d'une aune de toile. Trempez les étoffes dans cette solution, faites-les sécher, avec une brosse raide ôtez le superflu des matières qui s'y seront coagulées, et puis achevez de les nétoyer en vous servant d'une brosse douce et légèrement mouillée. Avec une aune de toile ainsi préparée, vous pourrez transporter l'eau comme dans un vase de métal. La pluie tombera par torrents, et vous ne serez jamais mouillé.

———

Attendez.... que vois-je au bout de ma lunette ! Grand Dieu ! que de malheurs ! des centaines de chasseurs tombent morts, ce n'est plus le gibier qu'on embroche, ce sont les chasseurs qu'on va bientôt enterrer. Désolation générale parmi les disciples de saint Hubert! Fête, jubilation chez les perdreaux! Je vois les lapins qui dansent le galop avec les lièvres, et Dieu me pardonne, je crois qu'ils font *la queue du chat*; les chevreuils rient à gorge déployée; les cailles et les faisans se pavanent en faisant la roue; les sangliers grognent d'une manière fort agréable; les loups sortent du bois et se disposent à manger les chasseurs.

Mais que se passe-t-il donc dans les astres? La fin du monde va-t-elle arriver? J'ai beau regarder, je ne vois point de comète menaçante, toutes les étoiles paraissent bien clouées au plafond, rien ne se dérange; la pendule va toujours, le grand horloger l'a si bien montée, que probablement elle ira long-temps encore. Demain nous en saurons peut-être davantage; en attendant, courez chez tous les médecins. Arrivez, docteur Duperthuy, pratiquez des évacuations sanguines; docteur Roger, faut-il provoquer un dégagement dans l'abdomen? Ne pensez-vous pas que la rhubarbe et le séné, corroborés par les mystères du clyso-pompe, amèneraient du tube intestinal des résultats louables et satisfaisants ?.... Ils ordonnent du thé! du thé à des gens qui sont morts! Vraiment on fait aujourd'hui la médecine d'une étrange manière.

Ils avaient raison ces estimables docteurs! Ils ont fait une cure merveilleuse, proclamons la sublimité de leur savoir. Ecoutez, voilà les coups de fusil qui recommencent, le gibier fuit, il a repris ses vieilles habitudes; tout est rentré dans l'état normal.... Ah! je devine, j'aperçois au bout de ma lunette une centaine de bouteilles vides; je vois des étiquettes où je lis: *Pomard, Volnay, Chambertin, Bordeaux-Laffitte, Champagne mousseux.* Cela me rassure, mes amis n'étaient pas morts. Oh! j'avais bien peur en les voyant rouler sous la table!

VIE

DU GRAND SAINT-HUBERT,

PATRON DES CHASSEURS.

Jure decent magnos ingentia munera sanctos.

Vous êtes chasseur et vous savez que, le 3 novembre, on célèbre la fête de saint Hubert, notre illustre patron. Bien souvent, à cette époque, vous avez brûlé de la poudre et bu du vin de Champagne en son honneur; je crois fort que vous êtes prêt à recommencer lorsque reviendra cette grande solennité; mais, si quelqu'un vous demandait: - Monsieur, qu'est-ce que saint Hubert? — C'est un saint dont la fête arrive le 3 novembre, répondriez-vous. — Mais à quelle époque vivait-il? pourquoi, comment a-t-il gagné le Paradis?—vous resteriez la bouche béante; — Eh bien! lisez... plus tard, vous ne serez point embarrassé lorsqu'on vous interrogera.

Hubert était fils de Bertrand, duc d'Aquitaine, descendant, au neuvième degré, de Pharamond, et au troisième, de Clotaire, fils de Clovis. Hugberne, sa mère, était petite-fille de Closinde, fille du même roi Clotaire et sœur de sainte Ode. Vous voyez qu'il serait difficile d'être mieux apparenté. On ignore cependant le jour de sa naissance, car on n'avait pas alors, comme aujourd'hui, des registres de l'état civil convenablement paraphés; nous savons seulement qu'il naquit l'an de grâce 656.

Le duc Bertrand était un fort brave chevalier. Fatigué de la tyrannie d'Ebroïn, maire du palais, sous Clotaire III, il secoua le joug et proclama son indépendance. Mais il avait affaire avec un sournois qui, au lieu de se mettre en campagne, flamberge au vent, enseignes déployées, préféra vaincre son ennemi par des maléfices et des enchantements. On trouvait alors des sorciers qui, moyennant un prix assez raisonnable, jetaient des sorts, et le pauvre diable, une fois ensorcelé, devenait stupide. Il est certain que dans notre bon pays de France les sorciers n'existent plus, car la loterie royale n'a jamais été ruinée. Donc Ebroïn fit jeter un sort sur Bertrand ; il le rendit imbécile, et, voyant l'Aquitaine sans défenseurs, il marcha pour l'envahir. Ce devait être un assez bon moyen de vaincre, on n'avait pas besoin de tant d'artillerie comme aujourd'hui, un sorcier suffisait. Mais si l'ennemi usait de la même recette, qu'arrivait-il? eh bien ! les deux généraux se regardaient d'un air bête, et chacun s'en retournait chez soi : cela valait bien mieux que de se casser les jambes et les bras.

Cependant Ebroïn, comme on dit, avait compté sans son hôte, il ne songeait pas que Hubert pourrait parer le coup. Le jeune chasseur se mit en prière, le charme fut dissipé, Bertrand reprit son ancienne énergie ; il rassembla ses troupes et le gain d'une bat[i]le affermit son autorité (1). Peut-être Hubert aurait-il pu

(1) Ces détails et ceux qu'on va lire sont extraits de plusieurs livres authentiques.

1° *Historia S. Huberti principis Aquitani*, etc., etc. Luxembourg, 1621, in-4°. *Sumtibus monasterii S. Huberti in Arduennâ*. Cet ouvrage est de Jean Robert, prêtre et docteur en théologie, et porte *l'approbation* de François de Montmorency.

2° *Histoire en abrégé de la vie de S. Hubert, prince du sang de France, duc d'Acquitaine, premier évêque et fondateur de la ville de Liege et apôtre des Ardennes*, dédiée au roi. Paris, 1678, in-8°, avec dix gravures. Le livre est anonyme, mais il contient *l'approbation* de Jean-Henry Manigart, licencié en la sainte théologie, examinateur synodal et pasteur de Saint-

rejeter le sort sur Ebroïn, mais il préféra combattre noblement son ennemi avec armes égales, en lui donnant sa part de champ et de soleil.

Hubert n'avait que quinze ans alors, et vous voyez qu'il préludait glorieusement à ses saintes destinées. Ceci me rappelle une petite histoire que je vais vous raconter. M. de Veras, prédicateur à Avignon, parlait en chaire de saint

Remy de Liége, plus *la permission* de Jean-Ernest, baron de Surlet, grand vicaire de Liége, et *le privilége* de Louis XIV.

3° Une autre Vie portant le même titre, dédiée à l'électeur palatin. Paris, 1737, in-8° ; elle est suivie d'un *supplément à la vie de S. Hubert en réponse aux calomnies de l'auteur des amusements de Spa, touchant les miracles opérés par S. Hubert,* etc., etc.

4° *Abrégé de la Vie du grand Saint Hubert.* Liége, 1696, in-16.

5° *Abrégé de la Vie et miracles de Saint Hubert.* Luxembourg, 1734, in-12.

Pierre de Luxembourg, qui, très jeune encore, faisait des miracles avec une grande facilité : « Son père et sa mère, disait-il, un soir, qu'ils étaient couchés, s'entretenaient des prodiges opérés par leur fils. — Cet enfant deviendra quelque chose un jour, dit le père. — Je crois bien, répondit la mère, il n'a que sept ans, et il fait déjà des miracles. — Ce sera un grand sujet. — Peut-être un évêque. — Qui sait ? — Un pape. — Et un saint. — Il faut soigner son éducation. — Si nous le faisions partir pour Paris ? — Tope là, tu as raison.... et notre jeune saint fut envoyé à Paris.»

Le duc Bertrand imita les vertueux parents de saint Pierre de Luxembourg, dès que son fils eut achevé ses études, il le fit partir pour Paris où se trouvait alors Thierri Ier, roi de Neustrie et de Bourgogne, qui, charmé de la bonne mine d'Hubert, le nomma comte du palais. Mais Ebroïn était plus maître que le roi, conservant toujours sa haine contre Bertrand, gardant rancune au jeune Hubert pour avoir désensorcelé son père, il lui chercha tant de noises que celui-ci fut obligé de quitter la cour.

Hubert, dans ses voyages, était toujours accompagné de sa tante, sainte Ode, qui ne lui donna jamais que de beaux exemples et de bons conseils. Il se retira chez Pepin-le-Gros, appelé aussi Pépin d'Héristal, duc d'Austrasie, qui fut le père de Charles Martel et l'aïeul de Pépin-le-Bref, chef de la seconde dynastie. La cour d'Austrasie était alors le rendez-vous des victimes d'Ebroïn ; tous ceux que l'avarice ou la cruauté de ce maire insolent forçaient de quitter la France venaient demander un asile à Pépin d'Héristal. Ils décidèrent Pépin à se mettre à leur tête pour marcher contre Ebroïn. Dans cette guerre, Hubert rendit son nom illustre, et plusieurs fois il fut proclamé le plus brave. Ceci prouve

évidemment la fausseté de ce proverbe :
« Poltron comme un apôtre ; » car Hubert fut surnommé l'apôtre des Ardennes, et il fut aussi célèbre par son courage que par sa piété. Peu de temps après, Ebroïn mourut assassiné par un certain Hermanfroi qu'il voulait faire pendre ; Thierri fut vaincu et Pépin, qui souvent avait admiré le courage d'Hubert, résolut de fixer auprès de lui ce jeune héros. D'ailleurs Pépin était grand chasseur; il reconnaissait la même passion chez le fils de Bertrand, et vous savez le proverbe : « Qui se ressemble s'assemble.»

Faisait-on une partie de chasse, Hubert rentrait toujours avec sa carnassière pleine, ses flèches ne perçaient jamais les cailles et les perdrix qu'à la tête, car il ne voulait pas leur gâter le croupion. Pour démêler les ruses d'un cerf il n'avait point son égal. Là où les plus vieux veneurs hésitaient à se prononcer, il tranchait toujours la difficulté d'un seul mot, et quand la bête était prise, chacun disait : « Le jeune chasseur avait raison. » Un tel compagnon devenait pour Pépin une acquisition précieuse ; certain désormais de ne plus prendre le change, et de ne pas faire buisson creux s'il pouvait l'engager à rester à sa cour, il le créa grand-maître de sa maison et lui fit épouser mademoiselle Floribane, fille de Dagobert, comte de Louvain. A cette époque Hubert était âgé de vingt-six ans.

Modèle des bons époux, Hubert consacrait à sa femme tous les moments qu'il ne passait point à la chasse. Les vieux chroniqueurs disent que la chasse lui faisait souvent négliger le service divin ; il courait sans cesse à cheval dans les bois, ne prenant jamais de repos : dimanche ou fête, Pâques ou Noël, rien ne pouvait l'arrêter. Un sanglier lui faisait manquer la messe, un chevreuil l'empèchait d'aller à vèpres : beaucoup de chasseurs de notre temps imitent en cela le jeune Hubert ; espérons que son exemple les convertira.

Quand sur une personne on prétend se régler,
C'est par les beaux côtés qu'il lui faut ressembler,
Et ce n'est pas du tout la prendre pour modèle,
Que de tousser, ma sœur, ou de cracher comme elle.

Un jour, c'était le vendredi saint, Hubert, chassant dans la forêt des Ardennes avec une troupe de grands seigneurs, se trouva tout à coup seul, dans le bois, au milieu d'un fort très épais. O prodige ! le cerf qu'il chassait, au lieu de fuir, s'avança vers lui. Hubert s'arrêta, et vit que le cerf portait un crucifix entre ses deux bois. Effrayé de ce miracle, il tombe à genoux, et entend ces paroles : « O Hubert, Hubert, jusques à quand poursuivrez-vous les bêtes des forêts ? jusques à quand cette vaine passion vous fera-t-elle négliger votre salut ? Si vous ne vous convertissez promptement à Dieu, en

prenant résolution d'embrasser une meil-
leure vie, vous serez précipité dans les
enfers. (1) » Hubert, qui savait l'histoire
de saint Paul, répondit comme ce grand
apôtre : « Seigneur, que voulez-vous que
je fasse ? me voici prêt à faire votre vo-
lonté. » Le cerf lui dit aussitôt : « Allez
à Maestricht, vers mon serviteur Lambert ; il vous dira ce que vous devez
faire. »

Ainsi Hubert, dit la légende, Hubert,
qui voulait chasser et prendre, fut lui-
même chassé et pris. Il partit du château de Jupille, où demeurait Pépin, et
se rendit à Maëstricht, auprès de saint
Lambert.

Là, il reçut de bonnes leçons et de
beaux exemples pour gagner le ciel, et il
prit la résolution ferme, irrévocable, de
les suivre tant qu'il vivrait. Peu de temps

(1) Je donne à la fin une gravure représentant
le cerf de S. Hubert ; elle a été faite d'après le
calque exact d'un dessin du quatorzième siècle.

après, madame Floribane mourut en donnant la vie à un fils qu'on nomma Floribert. Dès lors Hubert, libre de tout engagement terrestre, résolut de quitter le monde, en se consacrant à Dieu. Il alla remercier Pépin de toutes les faveurs qu'il en avait reçues; il se rendit auprès de Thierri, pour lui remettre le collier et la ceinture que le roi lui avait donnés en le faisant chevalier; ensuite il continua son voyage jusqu'en Guienne, pour faire ses adieux au duc Bertrand, son père. Il arriva pour lui fermer les yeux et recevoir sa bénédiction. La succession lui appartenait par droit d'aînesse; mais il céda tous ses droits à son frère Eudes, et bientôt il revint à Maëstricht auprès de saint Lambert.

Voulant faire pénitence de sa vie mondaine, il se retira seul au milieu des Ardennes, et il y vécut à l'endroit même où se trouve aujourd'hui la ville de Saint-

Hubert. L'histoire dit que, dans ce désert, notre saint ermite ne chassa plus. « Seulement, ajoute-t-elle, il tuait les loups qui venaient l'attaquer ; il ne mangeait que des herbes et des racines. » Mais la tradition affirme que de temps en temps les flèches d'Hubert s'égaraient dans le ventre d'un chevreuil ou d'un sanglier, ce qui lui procurait la pièce de venaison pour fêter le saint jour du dimanche. Certainement nous ne l'en blâmerons pas ; car, on a beau vouloir gagner le Paradis, il est impossible de vivre toujours d'épinards et de salsifits. Au reste, je connais bien des chasseurs qui, sans prétendre à devenir saints, s'accommoderaient fort de ce régime ; placez-les dans une forêt avec du gibier à discrétion, je vous réponds qu'ils n'en sortiront pas. Cependant, comme cette vie à peu près contemplative eût été inutile au monde chrétien, Dieu voulut la faire cesser : il envoya un ange pour dire à Hubert de se rendre à Rome. Le saint anachorète obéit ; et, le jour de son arrivée dans cette ville , saint Lambert mourut assassiné.

Le pape Serge 1er occupait alors le trône pontifical. A l'instant même où saint Lambert expirait à Liége sur les marches de l'autel, un ange apportait au souverain pontife la nouvelle de ce crime commis par un sieur Dodon, frère d'une demoiselle Alpaïde , que Pépin voulait épouser, en répudiant sa femme. Auparavant j'aimais beaucoup ce Pépin-là , qui donnait de l'avancement aux jeunes chasseurs; mais, quand je l'ai soupçonné de faire des traits à son épouse, il m'a fallu rabattre de l'estime que j'avais pour lui. Un mari perfide... quelle horreur ! Le bon Lambert s'opposait de tout son pouvoir au renvoi de Plectrude ; il menaçait Pépin de la vengeance du ciel, s'il gardait Alpaïde chez lui, et Dodon le massacra. Dans ce temps-là, voyez-

vous, on n'était pas meilleur qu'aujour-
d'hui.

L'ange qui donna cette nouvelle au
pape lui apporta, comme preuve de sa
mission, la crosse d'ivoire de Lambert,
et l'avertit que Dieu désignait Hubert
pour succéder au saint évêque. « Hubert
est à Rome, ajouta-t-il, et vous le trouverez dans l'église de Saint-Pierre. »
Lorsque Serge 1er eut raconté ces choses
à notre pélerin, celui-ci, pleurant la
mort de Lambert, refusa l'honneur de
le remplacer, ne s'en croyant pas digne ;
« mais, dit l'histoire, aussitôt la voûte
« s'entr'ouvrit, et les anges placèrent sur
« le maître-autel les habits pontificaux
« de Lambert, et ce prodige ferma la
« bouche à notre saint. »

Au moment de le sacrer évêque, on
s'aperçut qu'il n'y avait point d'étole.
Hubert renouvela son opposition, pré-
tendant que, l'étole manquant, c'était
une preuve que Dieu ne le désignait point

à l'épiscopat, et la raison lui paraissait déterminante pour ne point passer outre. Alors un jeune séraphin, qui sans doute assistait à la cérémonie, retourna dans le Paradis, et pria la Vierge Marie de lui broder à la hâte une étole pour le nouveau prélat. Bientôt, on le vit revenir à travers la voûte entr'ouverte ; il s'approcha d'Hubert, et lui dit : « La Vierge « vous envoie cette étole ; elle vous sera « un signe perpétuel de ce qu'elle ne « vous défaudra jamais. Vous aurez une « parfaite science de tout ce qui regarde « la fonction de votre ministère. » La légende ajoute : « C'est cette étole mi- « raculeuse par laquelle Dieu a opéré et « opère tous les jours tant de miracles. » A la bonne heure, voilà un siècle émi- nemment poétique ! les anges allaient. venai nt du ciel sur la terre ; on en ren- contrait souvent dans les rues. — Savez- vous la nouvelle ? disait-on en s'abordant. — Contez-moi cela. — Un ange vient d'arriver. — Belle affaire vraiment! nous en avons vu deux hier. Et qu'a-t-il dit? — Je n'en sais rien, il a visité monsieur un tel ou madame une telle. — Ont-ils du bonheur ces gens-là! Au reste on se porte bien là haut? — Il paraît que oui. — J'en suis bien aise.

Vous avouerez que c'était bien plus agréable que de s'entretenir du budget, de la question d'Orient et des chemins de fer, qui ne marchent pas. Dans notre siècle d'épicerie, au milieu de l'atmosphère prosaïque où nous vivons, on n'entend parler que de choses positives, et, si vous rencontrez un être surnaturel, vous pouvez parier que c'est un diable.

Aussitôt que Hubert fut revêtu de la dignité épiscopale, et pendant qu'il célébrait la messe de son sacre, saint Pierre lui apparut pour lui remettre une des deux clés avec lesquelles on le représente toujours, quoiqu'il ne lui en reste plus qu'une. Cette même clé sert encore aujourd'hui à guérir les enragés, hommes et bêtes. Tandis que ces merveilles s'opéraient à Rome, il se passait un autre miracle à Maëstricht. On y célébrait les obsèques de saint Lambert, et, le jour même où Hubert fut sacré, une voix divine proclama cette nouvelle dans l'église, ce qui naturellement causa une bien grande joie au peuple assemblé.

Hubert partit de Rome pour son diocèse; quand on sut son arrivée prochaine, ce misérable Dodon, qui craignait d'être poursuivi comme meurtrier de Lambert, se mit en embuscade sur la route avec trois assassins; mais Hubert, avec le signe de la croix et un peu d'eau bénite, les eut bientôt terrassés. Ils périrent tous malheureusement, l'un fut frappé de mort subite, un autre fut saisi du mal caduc, le troisième fut possédé du diable; Dodon, enfin, comme le plus coupable, mourut après avoir vomi toutes ses entrailles pourries et mangées des vers.

Juste punition d'un horrible assassinat !

Le nouvel évêque fut reçu avec honneur par la population de Maëstricht, en tête de laquelle se trouva Pépin; tout le monde voulait voir un homme en faveur duquel s'étaient opérés tant de prodiges. On se pressait sur son passage; chacun voulait toucher ses vêtements, et l'air retentissait des cris de vive notre saint Evêque ! vive le saint Chasseur !

Onze ans après, Hubert, sur un avertissement qu'il eut du ciel, fit transporter le corps de saint Lambert dans le village de Liége, et le fit déposer au pied de l'autel où Dodon l'avait assassiné. L'affluence des pélerins qui visitèrent ce tombeau fut immense, et bientôt Liége devint une ville. Hubert la fit enclore de murs; elle fut fermée par de bonnes portes pour la rendre capable de résister aux ennemis. Ne voulant point se séparer des précieuses reliques de saint Lambert, il désira que son siége épiscopal fût transféré à Liége. Un concile lui accorda cette permission.

Bientôt après Charles Martel, successeur de son père Pépin d'Héristal, investit Hubert de la souveraineté temporelle sur la ville de Liége. L'évêque établit son gouvernement avec une grande sagesse, et pour perpétuer le souvenir de l'honneur qu'il avait eu d'être sacré par le pape, il fit mettre sur ses sceaux et sur sa monnaie l'image de saint Lambert avec ces mots : LIÉGE, FILLE DE L'ÉGLISE ROMAINE. Infatigable, il prêchait en tous lieux, baptisait les païens, faisait renverser les idoles en même temps qu'il bâtissait des églises, et de cette manière il acquit le titre d'apôtre des Ardennes.

Jamais saint ne fit tant de miracles. Je vais en citer quelques-uns; je copie. « Nous ne répéterons point ici le miracle que saint Hubert fit à l'aage de quinze ans, en délivrant son père d'un soit qui avoit esté jetté sur luy; mais, passant à son épiscopat, nous trouverons qu'il a sauvé ses domestiques d'un naufrage, et un entre autres qui se noyoit, qui depuis a esté l'historien de sa vie, d'autant plus fidèle qu'il en a esté le témoin oculaire, comme son disciple bien-aimé, et compagnon de ses travaux jusqu'à sa mort, par le rapport duquel nous apprenons aussi qu'il a guéry une femme dont les mains estoient demeurées percluses et crochües, en sorte que les ongles des doigts entroient dans la paume de la main, pour avoir violé le saint dimanche, ayant voulu paître ce jour là pour obéir à son mary, préférant son commandement à celuy de Dieu, dont elle craignoit moins la colère que la sienne (1); qu'il a délivré une possédée

(1) S. Hubert, qui souvent avait chassé le dimanche, devait se montrer indulgent pour cette pauvre femme. Autrefois Thésée disait à Œdipe:

: J'ai connu le malheur et j'y sais compatir.

qui se jettoit sur luy, le saint faisant sur elle le signe de la croix et luy donnant un soufflet qui la terrassa, et luy fit vomir le démon; qu'il a rendu un jour la rivière de Meuse navigable, lorsque par une sécheresse extraordinaire il sembloit qu'elle allast tarir : qu'avec un seul signe de croix il a esteint le feu qui brûloit la maison où il estoit logé. Mais un des plus célèbres miracles, et dont les effets durent encore, est qu'un homme enragé estant entré en l'église où il prêchoit, tout le monde s'enfuit d'appréhension, et le saint prélat demeura presque seul. Alors il conjura l'enragé, et ayant guery cet homme, il l'envoya luy-même rappeler ceux qui estoient sortis; une partie de ceux-là le voyant tranquille de sens rassis, et ne pouvant attribuer ce changement qu'à un prodige, rentrèrent dans l'église.

« Aussi, leur foy et leur pitié ne demeurèrent pas sans récompense ; car saint

Hubert obtint de Dieu qu'eux et leurs enfants guériraient de la rage. Il se trouve même en ce temps des gens qui peuvent estre de leurs descendans, lesquels disent avoir cette vertu : ce qui leur fait croire innocemment qu'ils sont de la race de saint Hubert, encore qu'ils n'ayent jamais pu le prouver par aucuns titres ny par aucune généalogie. »

A l'âge de soixante-onze ans, Hubert tomba malade. « L'ennemy du genre humain oubliant qu'il avoit esté battu et terrassé tant de fois par le saint évêque, dans tant de conversions et de miracles que Dieu avoit opérez par son ministère, se présenta à luy pendant la nuit en une figure effroyable et avec des hurlemens terribles, luy reprochant les désordres de sa jeunesse ; mais le saint homme n'en fut point effrayé : il ne voulut point d'autres armes pour luy donner la chasse en cette occasion que de l'huile et de l'eau bénite ; enfin, il se mit à réciter le symbole des Apôtres, et, après avoir dit l'oraison dominicale, il expira l'an 727. »

Hubert, mourut à sa maison de campagne de Fure, près de Liége. Le lendemain, le clergé et le peuple, avec la croix et les bannières, allèrent chercher le corps revêtu de ses habits pontificaux pour le déposer dans l'église de Saint-Pierre. Ce jour-là se firent bien des miracles : des boiteux marchèrent droit, des aveugles recouvrèrent la vue, tous les malades guérirent ; si pareille chose arrivait de notre temps, les médecins seraient ruinés de fond en comble. Seize ans plus tard, on ouvrit le cercueil en présence du roi Carloman, et on trouva le corps frais et vermeil. Les habits étaient *plus entiers et plus beaux que de son vivant.* Dès lors on eut la certitude que le digne évêque avait sa place au Paradis, et il prit le nom de saint Hubert. Ce titre lui fut confirmé solennellement par le pape Léon X, en septembre 1515 (1). Le roi fit mettre la dépouille mortelle du saint dans une belle châsse devant le maître-autel. Cette première translation eut lieu le 3 novembre 743, et voilà pourquoi nous célébrons à pareil jour la fête de saint Hubert. (2)

Pour connaître l'origine de l'abbaye de Saint-Hubert, il faut à présent retourner sur nos pas.

La princesse Plectrude, épouse de Pépin, chez qui le jeune Hubert s'était retiré, se promenant un jour dans la forêt des Ardennes, se reposa près des

(1) Dans l'*Abrégé de la vie et miracles de S. Hubert*, Luxembourg, 1734, cette bulle de Léon X est textuellement rapportée.

(2) La fête de saint Hubert était autrefois un jour critique. Un vieux missel parisien, dans lequel on trouve des espèces de prophéties sur tous les jours de l'année, dit en parlant du 3 novembre .... *Tertius est nece cinctus.* Ne serait-ce pas une allusion aux accidents qui surviennent à la chasse?

ruines d'un vieux château, nommé Ambra, démoli par les Huns. « Tout à coup, Dieu
« lui fit connaître par un billet écrit en
« lettres d'or qu'il avait fait choix de
« ce lieu pour servir au salut de plu-
« sieurs âmes, et pour opérer tant de
« merveilles, qu'elles le rendroient saint
« et recommandable par toute la terre.
« Cette pieuse princesse, surprise de ce
« miracle, prend ce billet, se rend vers
« le prince, son époux, lui fait récit du
« prodige, et luy met le billet entre les
« mains.

« Aussi-tost voilà toute la cour dans
« l'admiration ; mais celuy que cette

(1) Voici le texte exact de ce billet. *Hic locus a Deo electus ad salutem animarum multarum; terra sancta est valdè magnificanda, servorum- que Dei patrimonium quod augebitur, et a potes- tatibus protegetur; variè tamen tribulabitur; qui verò hunc locum vexaverit, sic in radice ma- rescat ut in ramis non florescat, aut ultrices ul- tionis æternæ pœnas sustineat.*

« merveille toucha davantage fut saint
« Beregise, leur aumosnier. Il attendoit
« depuis longtemps une occasion pour
« demander au duc Pépin un lieu pour
« s'y retirer et y vivre en religieux ; et
« celle-cy luy paroissant favorable, il
« ne la laissa point échapper. Il repré-
« senta à Pépin que, puisque la divine
« Providence avoit manifesté par un si
« grand miracle à quoy elle destinoit ce
« lieu d'Ambra, il ne faloit pas hésiter à
« accomplir ce qu'elle désiroit de luy.

« La piété de Pepin ne luy permit pas
« de différer plus longtemps. Il donna
« ordre à sa cour pour son départ, et se
« rendit sur le lieu où ce billet estoit
« tombé, donna à saint Beregise le lieu
« nommé Andage, proche de cette ma-
« zure, pour y bastir un monastère, et y
« joignit une terre en dépendante, qui
« porte maintenant le nom de Saint-Hu-
« bert, et de laquelle Pépin planta et
« marqua luy-même les bornes, en pré-

« sence de toute sa suite, de la manière
« qu'elles se trouvent aujourd'huy. Ce
« qui fut fait environ l'an 687. »

En l'année 815, c'est-à-dire quatre-
vingt-huit ans après la mort de saint Hubert, Walcand, évêque de Liége, visi-
tant son diocèse, trouva le monastère
d'Andage ruiné par les guerres, et il le
fit rebâtir. Il y établit des religieux de
saint Benoît, qu'il prit à Saint-Pierre de
Liége, où était le corps de saint Hubert.
A peine furent-ils installés qu'ils récla-
mèrent la châsse de leur saint évêque ;
les Liégeois s'opposèrent long-temps à
leur demande. Enfin, après huit ans, un
concile, tenu à Aix-la-Chapelle, décida
que Liége, ayant déjà l'honneur de pos-
séder le corps de saint Lambert, ne pouvait pas garder encore celui de saint
Hubert. D'ailleurs, saint Hubert avait
été sept ans ermite dans la forêt où se
trouvait le monastère d'Andage, et il
était juste de l'honorer davantage là où

il avait donné plus de marques d'humi-
lité.

Cette translation se fit avec une
pompe solennelle le 30 septembre 825;
l'empereur Louis-le-Débonnaire y assista.
Depuis ce moment, le monastère d'Andage prit le nom d'abbaye de Saint-Hubert. C'est là que, depuis cette époque,
se rendent tous ceux qui ont été mor-
dus par des bêtes enragées. Ici je vais
encore laisser parler mon auteur.

« Y a-t-il miracles au monde qui sur-
« passent ceux qui se font tous les jours
« par cette étole miraculeuse contre la
« rage? La chose est avérée, que les per-
« sonnes qui sont mordues ou empoison
« nées par quelques beste enragée non
« seulement sont guéries quand elles
« sont munies d'une parcelle de cette
« étole, et quand elles observent la ma-
« nière prescrite par la neuvaine qui se
« doit faire en pareille rencontre, mais
« qu'elles ont même le pouvoir d'arres-

« ter le mal et la rage des autres, en
« donnant des répis ou délais de qua-
« rante en quarante jours à ceux qui ne
« peuvent pas sitost se transporter sur
« le tombeau du saint. La chose est si
« publique, et confirmée par tant d'expé-
« rience, qu'on ne doit point en douter.

« Enfin, c'est une merveille dont on
« n'ose parler qu'avec tremblement.
« Cette étole, qui est celle que l'ange
« apporta du ciel au sacre de nostre
« grand saint, fait toujours les mêmes
« miracles depuis plus de neuf cens ans.
« On en coupe continuellement, et on
« ne s'apperçoit pas qu'elle diminuë (1).
« L'étole, qui est d'or et de soye, est

(1) On lisait anciennement cette épigramme
chez les dominicains de Reims :

Femme qui désirez de devenir enceinte
Adressez cy vos vœux au grand saint Hyacinthe ;
Et tout ce que pour vous le saint ne pourra faire,
Les moines de céans pourront y satisfaire.

« neuve et entière, comme si elle sortoit
« des mains de l'ouvrier, bien qu'elle
« soit gardée dans un lieu où les autres
« ornemens ne peuvent se conserver
« long-temps.

« Les cors de chasse, les médailles et
« toutes les choses qui ont touché à cette
« admirable étole préservent ceux qui
« les portent sur eux avec révérence de
« toutes morsures de bêtes enragées.

« Les clefs ou cors de fer qui ont tou-
« ché aussi à cette divine étole sont de
« merveilleuse efficace pour préserver
« de la rage toutes sortes de bêtes, ou
« pour faire, si elles en sont attaquées,
« qu'elles meurent sans en mordre
« d'autres.

« La personne à qui on a inséré dans le
« front, par une légère incision, un peu
« de la divine étole de saint Hubert, doit
« observer les articles suivans :

« I. Elle doit se confesser et commu-
« nier les neufs jours consécutifs.

« II. Elle doit coucher seule en draps
« blancs et nets, ou bien toute vestuë.

« III. Elle doit boire dans un verre ou
« autre vaisseau particulier, et ne doit
« point baisser la teste pour boire à des
« fontaines ou rivières.

« IV. Elle peut boire du vin rouge,
« clairet et blanc, meslé avec de l'eau,
« ou bien boire de l'eau pure.

« V. Elle peut manger du pain blanc
« ou autre pain.

« VI. Elle peut manger de la chair de
« pourceau ; mais il faut que ce soit d'un
« porc mâle d'un an et au dessus ; elle
« peut manger de même des chapons et
« poulets, le tout d'un an et au dessus.

« VII. Elle peut manger du poisson,
« pourveu que ce soit poissons à écailles,
« comme harancs blancs ou sorets, car-
« pes, etc.

« VIII. Elle peut manger des œufs,
« mais il faut qu'ils soient durs.

« IX. Toutes les choses icy nommées

« doivent estre mangées froides, et non
« autrement.

« X. Il ne faut point peigner ses che-
« veux pendant quarante jours, à comp-
« ter du jour de l'incision.

« XI. Le dixième jour après l'incision,
« cette personne doit faire délier le ban-
« deau qui luy serroit le front, par quel-
« que prestre, qui doit brûler ce ban-
« deau, et en mettre les cendres dans le
« réservoir ou piscine de la sacristie.

« XII. Elle doit tous les ans faire dé-
« votement la feste de saint Hubert, qui
« est le troisième jour de novembre.

« XIII. Que, si la même personne re-
« cevoit encore, à l'avenir, quelque
« blessure ou morsure de quelques ani-
« maux enragez, et qu'elle allast jusqu'au
« sang, alors il suffira qu'elle fasse l'abs-
« tinence et régime de vivre icy mar-
« quez l'espace seulement de trois jours,
« sans qu'il soit besoin de retourner à
« Saint-Hubert.

« C'est là ce qu'il faut observer, et
« c'est ensuite de ce régime qu'il plait à
« Dieu accorder la guérison aux malades,
« par l'intercession de saint Hubert; et
« ce miracle s'estend même si loin,
« comme nous avons déjà dit, que la per-
« sonne morduë non seulement est gué-
« rie elle-même, mais qu'elle a ensuite le
« pouvoir d'arrester dans les autres le
« cours du venin, de leur donner des
« délais de quarante jours, et de les re-
« nouveller autant de fois qu'il en est
« besoin pour leur donner le temps de se
« rendre à l'abbaye de Saint-Hubert. »

Le scepticisme de notre siècle, essen-
tiellement lumineux, n'a point diminué
la dévotion envers saint Hubert : la divine étole et la sainte clé opèrent encore
de nombreux miracles. Tous les jours on
voit arriver à Saint-Hubert, où l'abbaye
n'existe plus, des gens de tous les pays
qui viennent se faire guérir par des cha-
pelains remplaçant les anciens moines;

après avoir fait leur neuvaine ils s'en retournent tous sains et saufs. Je dois faire remarquer une chose fort singulière, c'est que les protestants et les réformés s'y rendent en pélerinage comme les vrais catholiques ; on y voit même quelquefois des juifs. Tous amènent leurs chiens et leurs bestiaux, soit pour les guérir de la rage, soit pour les empêcher de l'avoir.

Cependant il ne faut pas croire que saint Hubert guérisse les juifs : passe encore pour les protestants, mais les enfants d'Israël ne peuvent être touchés par l'étole qu'après avoir été baptisés. Un prédicateur ignorant, prêchant dans l'église de Saint-Hubert, prit pour texte de son sermon ces mots de l'Écriture : *Venient reges saba*, qu'il traduisit par : *les enragés du sabat viendront.* Là-dessus il fit de l'éloquence à sa manière : « C'est un grand malheur dont nous sommes menacés, mes frères; s'ils viennent du sabat, ce sont des juifs; s'ils sont des juifs, saint Hubert ne les guérira point, et que ferons-nous de tous ces enragés? Cependant ne vous attristez pas trop, car l'Écriture ajoute : *Aurum, thus et myrrham,* ce qui signifie clairement : *ils auront la toux et ils mourront.*

Chaque année, le 3 novembre , les chasseurs du pays font célébrer une messe avant de s'en aller dans les bois : au moment de la consécration, les trompes sonnent la fanfare de Saint-Hubert, les valets de chiens y assistent avec leur meute, et chacun d'eux fait bénir un pain qui servira pendant l'année à préserver le chenil de la rage.

En 1444, Gérard V, duc de Juliers, créa l'ordre des *Chevaliers de Saint-Hubert,* en mémoire d'une bataille qu'il gagna le jour de la Saint-Hubert, en 1443, sur la maison d'Egmont. Les chevaliers portaient un collier orné des attributs des chasseurs, avec une médaille représentant saint Hubert. Cette institution ne dura qu'un siècle environ, mais, en 1708, l'ordre fut rétabli par Jean-Guillaume, électeur palatin et duc de Neubourg. Transporté depuis en Bavière, il y jouit de la plus haute distinction. Cependant ces honorables chevaliers, du moment qu'ils portent le collier de l'ordre, passent tous pour des hâbleurs ; dans leur bouche, la vérité la plus niaise prend aussitôt la couleur du mensonge ; on répond à tout ce qu'ils disent par ce vieux proverbe : «Vous êtes de la confrérie de Saint-Hubert; vous n'enragez pas pour mentir.»

Partout on rencontre des chevaliers de Saint-Hubert, qui se prétendent issus du saint évêque de Liége, par son fils Floribert. En 1649, un d'entre eux, nommé Georges Hubert, gentilhomme de la maison du roi, fit ses preuves devant la cour : il se vantait de guérir les enragés par la seule imposition des mains;

il obtint des lettres patentes afin d'exer-
cer librement son industrie dans toute la
France. Ces lettres portent que Louis
XIII s'était fait toucher, ainsi que Louis
XIV, le duc d'Orléans son oncle, les
princes d'Orléans et de Conti, etc.; et
que par le seul attouchement du chevalier Georges Hubert, ils avaient été pré-
servés de la rage. Ce brevet d'invention
est du 30 décembre 1649, l'an septième
du règne de Louis XIV; il est signé
Louis, et plus bas : *la reine régente étant
présente,* il y est dit que : « Le chevalier
Georges a le privilége de guérir toutes
les personnes mordues de loups ou de
chiens enragés et autres animaux atteints
de la rage, en touchant au chef, sans
aucune application de remèdes ni de mé-
dicaments. »

L'abbaye de Saint-Hubert, qui n'existe
plus, est devenue une petite ville de la
province de Luxembourg, située dans la
partie qu'on vient d'abandonner à la

Belgique. Sous l'empire, c'était une sous-préfecture du département de Sambre-et-Meuse. Elle est entourée de forêts, entre Bastogne et Givet, de l'ouest à l'est, et entre Marche et Bouillon, du Nord au Midi; je suis bien aise de vous en donner la topographie exacte, afin que vous sachiez votre route en cas de besoin. Saint-Hubert compte une population d'à peu près douze cents habitants.

Avant la révolution, l'abbé de Saint-Hubert prenait le titre de premier pair du duché de Bouillon, de chapelain des comtes de Hainaut et de grand aumônier perpétuel de l'ordre de Saint-Hubert. Il était seigneur du lieu et d'environ quarante villages qui en dépendaient. Tous les ans, il envoyait au roi de France un présent de trois couples de chiens de chasse et de six faucons; en revanche, il recevait la permission de faire quêter en France, pour soutenir l'hôpital des enragés, fondé par saint Hubert.

Lorsqu'on recevait un chevalier, l'abbé de Saint-Hubert marchait sur la même ligne que le grand-maître de l'ordre. Un jour que, coiffé de la mitre, armé du bâton pastoral, il s'avançait gravement auprès du récipiendaire, la pointe de fer qui terminait sa crosse entra dans le pied du nouveau chevalier qui, ressentant une douleur très vive, n'en fit cependant rien paraître sur sa figure. — Pardon, lui dit l'abbé, je crois que je vous ai blessé. — Oui, répondit-il, mais je pensais que cela faisait partie de la cérémonie.

Tous ceux qui chassaient dans les Ardennes devaient aux moines de Saint-Hubert la première pièce de gibier qu'ils tuaient et la dîme de toutes les autres. Un comte, Théodoric, chassant dans la forêt voisine de l'abbaye, courait depuis long-temps sans pouvoir rien trouver; un de ses veneurs, appelé Jomenaud (la légende a conservé son nom), lui dit :

« Monseigneur , je sais bien pourquoi
nous ne rencontrons rien ; si vous voulez faire vœu de donner à Saint-Hubert
la première pièce que vous tuerez, je réponds que vous ferez bonne chasse. —
Qu'à cela ne tienne , mon ami, je le
jure. »

Aussitôt après, les chiens attaquèrent
un sanglier superbe qui se dirigea du
côté de l'abbaye ; il semblait que cet
animal prévoyait sa glorieuse destinée, il
se dépêchait d'arriver là où de saints
personnages devaient le manger. Le
comte s'approcha, et d'un coup d'é-
pieu bien appliqué le sanglier fut mort.
Le veneur appela ses gens : « Allons, dit-
il, portons la bête à Saint-Hubert. Dou-
cement, répondit le comte, je n'ai jamais
vu de pareil sanglier, nous en tuerons un
autre qui sera pour l'abbaye. Celui-ci je
le garde pour moi.

Comme on n'avait point de charrette
pour transporter une bête aussi lourde,

on se mit à la dépecer. Mais, ô prodige
inconcevable! les gigots, les filets, la
hure et toutes les autres parties du
corps ne furent pas plutôt détachés
qu'elles partaient comme des fusées, à
travers les airs et, décrivant une para-
bole, elles tombaient sur l'abbaye où les
moines s'en emparèrent. Le comte Théodoric n'eut pas autre chose que les entrailles pour faire la curée à ses chiens.
La morale de cette histoire très véritable
est celle-ci : On doit toujours tenir les
promesses que l'on fait, car les parjures
subissent justement la punition de leur
crime.

Il faudrait cent volumes in-folio pour
raconter tous les miracles opérés par la
divine étole et par la clé de saint Hubert.
J'en citerai un encore parce qu'il me paraît accompagné de circonstances assez ré-
créatives, et puis ce ne sera peut-être pas
mal de finir par une drôlerie. «Un certain
Josbert, noble et puissant seigneur du

pays, avait été mordu par un chien enragé ; il vint au couvent de Saint Hubert,
et il fut guéri. Mais ayant négligé de continuer les prières obligées, la maladie le
reprit bientôt. Nouvelle visite à Saint-
Hubert, nouvelle guérison. Dans l'excès
de sa joie, il promit de donner à l'abbaye le tiers de ses terres ; mais comme
dit le proverbe italien .

> Passato il pericolo,
> Gabbato il santo.

Une fois bien portant, il envoya les
moines au diable, mais celui-ci ne voulut pas des moines et entra dans le ventre de Josbert. Vous dire tout ce que fit
notre possédé, quand il eut le diable au
corps, demanderait beaucoup trop de
temps ; il déchira le visage de sa femme,
à coups de dents, *uxoris suæ faciem, injectis dentibus, arripuit.* Il fit encore de
fort vilaines choses, comme cela se voit
chaque jour parmi les possédés. Enfin il

fut lié, garotté, et porté devant l'abbé de Saint-Hubert. Celui-ci ne s'amusa point à lui faire des reproches sur son manque de foi : voyant que le cas était grave, il fit mettre Josbert dans une cuve d'eau bénite, et lui couvrit la tête avec la sainte étole. Qui fut penaud? Je vous le demande. Le diable ne pouvait plus sortir par la bouche, car l'étole était là; d'un autre côté, la chose ne paraissait pas commode, car on pouvait prendre un bain d'eau bénite, et pour un diable c'est fort dangereux. Cependant, il n'y avait pas à hésiter : à tout prix il fallait fuir l'étole, et le diable partit par les voies inférieures, ce qui produisit une telle détonation que les douves de la cuve en furent toutes brisées. *Sensit inimicus pondus virtutis divinæ et coactus per posteriora egredi* (1). *Talem dedit crepitum, ut omne dolium à compage suâ re-*

(1) Une note de l'historien ajoute : *Sic Deus superbissimum spiritum ludibrio exponebat.*

solveretur. Corruit Josbertus exanimis, cum, non multo post sanus exurgens, Deo sanctoque pontifici perfectæ sanitatis gratias reddidit (1).

(1) *Historia S. Huberti principis Aquitani, ultimi Tungrensis, et primi Leodiensis episcopi.* Luxembourg, 1621, in-4o, page 102.

CANTIQUE DE SAINT-HUBERT,

PAR VADÉ.

Sur l'air: *Des Cantiques de Marseille.*

NOTA. Pour que cela produise un bon effet, on doit imiter les troubadours aveugles qui parcourent les rues; il faut chanter en nasillant.

Venez, peuple chrétien,
Accourez tretous vite;
D'un saint homme de bien
Admirez la conduite.
S'tilà que je vous cite,
Dans mon petit concert,
Avait bien du mérite,
C'est monsieur d'saint Hubert.

Ce monsieur d'saint Hubert
Préserve de la rage:
A s'tilà qui le sert
Il flanque son suffrage:
Il est pire qu'un ange
Qui voltige toujours,

Partant à sa louange
Faut chanter z'un discours.

Une vieille guenon,
En prenant un clystère,
S'enfoncit le canon
Au fond de son derrière ;
Et saint Hubert ensuite
Priant z'avec ferveur,
Le canon prit la fuite
Sans lui fair' de douleur.

Le feu dans un endroit
Prit à la cheminée ;
Tout chacun à bon droit
Plaignait sa destinée :
Un chacun prend la fuite
Et laisse là la maison,
De saint Hubert ensuite
On chantit l'oraison.

Quand on eut bien chanté
Sans en avoir d'envie,
Saint Hubert enchanté
Que si bien l'on le prie,
Le bon Dieu il réclame
D'ouvrir son réservoir,

Tout aussitôt la flamme
Leur souhaitit le bonsoir.

Un chasseur qui chassait
En chassant à la chasse
Tout en chassant chassait
Une vieille bécasse ;
Le saint rempli de zèle
Courit après c'toiseau,
Et vous l'y coupe une aile
Avec son fier ciseau.

A la place Maubert,
Un jour une harangère,
De monsieur d'saint Hubert
Insultit la bagnière.
Pour punir cette infâme
L'on vit soudainement
Son chaudron plein de flamme
Griller tout son devant.

Un clerc de procureur,
Plus malin qu'un satyre,
De ce saint plein d'honneur,
Un jour voulut médire ;
Soudain par un miracle
Tout des plus évidents,
 A ce démoniacle
Survint la rage aux dents.

Charles X faisait imprimer tous les ans un volume in-4° de 500 pages, intitulé *Livret des Chasses du Roi*, contenant tout ce qui avait rapport au matériel et au personnel de sa vénerie. Ce livre ne se vendait pas ; tiré à un très petit nombre d'exemplaires, le roi le distribuait aux personnes de son intimité. On y trouve des procès-verbaux constatant les résultats de toutes les chasses à courre. La postérité saura quel jour, le roi courut un cerf, par qui l'animal fut détourné, à quelle heure il fut lancé, combien de temps il dura, où se fit la curée, etc., etc.

Dans ce livre curieux, dont je possède un exemplaire, les chasses à tir ne sont point oubliées. Il contient jour par jour le nombre et l'espèce de toutes les pièces tuées par le roi, par le dauphin et par les officiers de leur suite. Outre les colonnes du faisan et du lièvre, du chevreuil et de la perdrix, on voit celles de l'alouette, du rossignol et même celle du rat. Le format de cet almanach ne me permettait pas de copier textuellement ce *Livret*. D'ailleurs, à quoi bon constater la mort d'un rossignol qu'on doit laisser vivre, d'une mésange qu'on rougirait de fourrer dans le carnier?

J'ai mis seulement les pièces que les chasseurs peuvent compter comme pièces; chacun pourra inscrire sur cet état ses exploits jour par jour, et conserver ainsi le souvenir de ses jouissances passées.

PIÈCES TUÉES PAR M. **DANS L'ANNÉE 1839-1840.**

SEPTEMBRE.	Cerfs.	Sangliers.	Loups.	Chevreuils.	Renards.	Blaireaux.	Lièvres.	Lapins.	Fouines.	Belettes.	Faisans.	Perdrix rouges.	Perdrix grises.	Cailles.	Râles de genêt.	Râles d'eau.	Poules d'eau.	Canards.	Foulques.	Bécasses.	Bécassines.	Pluviers.	Vanneaux.	Éperviers.	Ramiers.	Tourterelles.	Pies.	Geais.	TOTAL DES PIÈCES.
1																													
2																													
3																													
4																													
5																													
6																													
7																													
8																													
9																													
10																													
11																													
12																													

13
14
15
16
17
18
19
20
21
22
23
24
25
26
27
28
29
30

PIÈCES TUÉES PAR M.   DANS L'ANNÉE 1839-1840.

OCTOBRE.	Cerfs.	Sangliers.	Loups.	Chevreuils.	Renards.	Blaireaux.	Lièvres.	Lapins.	Fouines.	Belettes.	Faisans.	Perdrix rouges.	Perdrix grises.	Cailles.	Râles de genêt.	Râles d'eau.	Poules d'eau.	Canards.	Foulques.	Bécasses.	Bécassines.	Pluviers.	Vanneaux.	Eperviers.	Ramiers	Tourterelles.	Pies.	Grais.	TOTAL DES PIÈCES.
1																													
2																													
3																													
4																													
5																													
6																													
7																													
8																													
9																													
10																													
11																													
12																													

| 13 | 14 | 15 | 16 | 17 | 18 | 19 | 20 | 21 | 22 | 23 | 24 | 25 | 26 | 27 | 28 | 29 | 30 | 31 |

NOVEMBRE.	Cerfs.	Sangliers.	Loups.	Chevreuils.	Renards.	Blaireaux.	Lièvres.	Lapins.	Fouines.	Belettes.	Faisans.	Perdrix rouges.	Perdrix grises.	Cailles.	Râles de genêt.	Râles d'eau.	Poules d'eau.	Canards.	Foulques.	Bécasses.	Bécassines.	Pluviers.	Vanneaux.	Eperviers.	Ramiers.	Tourterelles.	Pies.	Grais.	TOTAL DES PIÈCES.
1																													
2																													
3																													
4																													
5																													
6																													
7																													
8																													
9																													
10																													
11																													
12																													

13 14 15 16 17 18 19 20 21 22 23 24 25 26 27 28 29 30

DÉCEMBRE.	Cerfs.	Sangliers.	Loups.	Chevreuils.	Renards.	Blaireaux.	Lièvres.	Lapins.	Fouines.	Belettes.	Faisans.	Perdrix rouges.	Perdrix grises.	Cailles.	Râles de genêt.	Râles d'eau.	Poules d'eau.	Canards.	Foulques.	Bécasses.	Bécassines.	Pluviers.	Vanneaux.	Éperviers.	Ramiers	Tourterelles.	Pics.	Grais.	TOTAL DES PIÈCES.
1																													
2																													
3																													
4																													
5																													
6																													
7																													
8																													
9																													
10																													
11																													
12																													

13																											
14																											
15																											
16																											
17																											
18																											
19																											
20																											
21																											
22																											
23																											
24																											
25																											
26																											
27																											
28																											
29																											
30																											

PIÈCES TUÉES PAR M.   DANS L'ANNÉE 1839-1840.

JANVIER.	Cerfs.	Sangliers.	Loups.	Chevreuils.	Renards.	Blaireaux.	Lièvres.	Lapins.	Fouines.	Belettes.	Faisans.	Perdrix rouges.	Perdrix grises.	Cailles.	Râles de genêt.	Râles d'eau.	Poules d'eau.	Canards.	Foulques.	Bécasses.	Bécassines.	Pluviers.	Vanneaux.	Éperviers.	Ramiers	Tourterelles.	Pies.	Grues.	TOTAL DES PIÈCES.
1																													
2																													
3																													
4																													
5																													
6																													
7																													
8																													
9																													
10																													
11																													
12																													

PIÈCES TUÉES PAR M.   DANS L'ANNÉE 1839-1840.

FÉVRIER.	Cerfs.	Sangliers.	Loups.	Chevreuils.	Renards.	Blaireaux.	Lièvres.	Lapins.	Fouines.	Belettes.	Faisans.	Perdrix rouges.	Perdrix grises.	Cailles.	Râles de genêt.	Râles d'eau.	Poules d'eau.	Canards.	Foulques.	Bécasses.	Bécassines.	Pluviers.	Vanneaux.	Éperviers.	Ramiers.	Tourterelles.	Pies.	Geais.	TOTAL DES PIÈCES.
1																													
2																													
3																													
4																													
5																													
6																													
7																													
8																													
9																													
10																													
11																													
12																													

13	
14	
15	
16	
17	
18	
19	
20	
21	
22	
23	
24	
25	
26	
27	
28	
29	

PIÈCES TUÉES PAR M.   DANS L'ANNÉE 1839-1840.

MARS.	Crfs.	Sangliers.	Loups.	Chevreuils.	Renards.	Blaireaux.	Lièvres.	Lapins.	Fouines.	Belettes.	Faisans.	Perdrix rouges.	Perdrix grises	Cailles.	Râles de genêt.	Râles d'eau.	Poules d'eau.	Canards.	Foulques.	Bécasses.	Bécassines.	Pluviers.	Vanneaux.	Eperviers.	Ramiers	Tourterelles.	Pies.	Freais.	TOTAL DES PIÈCES.
1																													
2																													
3																													
4																													
5																													
6																													
7																													
8																													
9																													
10																													
11																													

3																							
4																							
5																							
6																							
7																							
8																							
19																							
20																							
21																							
22																							
23																							
24																							
25																							
26																							
27																							
28																							
29																							
30																							
31																							

AVRIL.	Cerfs.	Sangliers.	Loups.	Chevreuils.	Renards.	Blaireaux.	Lièvres.	Lapins.	Fouines.	Belettes.	Faisans.	Perdrix rouges.	Perdrix grises.	Cailles.	Râles de genêt	Râles d'eau	Poules d'eau.	Canards.	Foulques.	Bécasses.	Bécassines.	Pluviers	Vanneaux.	Éperviers	Ramiers	Tourterelles.	Pies.	Geais.	TOTAL DES PIÈCES.
1																													
2																													
3																													
4																													
5																													
6																													
7																													
8																													
9																													
10																													
11																													
12																													

13
14
15
16
17
18
19
20
21
22
23
24
25
26
27
28
29
30

PIÈCES TUÉES PAR M. DANS L'ANNÉE 1839-1840.

MAI.	Cerfs.	Sangliers.	Loups.	Chevreuils.	Renards.	Blaireaux.	Lièvres.	Lapins.	Fouines.	Belettes.	Faisans.	Perdrix rouges.	Perdrix grises.	Cailles.	Râles de genêt.	Râles d'eau.	Poules d'eau.	Canards.	Foulques.	Bécasses.	Bécassines.	Pluviers.	Vanneaux.	Éperviers.	Ramiers	Tourterelles.	Pies.	Geais.	TOTAL DES PIÈCES.
1																													
2																													
3																													
4																													
5																													
6																													
7																													
8																													
9																													
10																													
11																													
12																													

| 13 |
| 14 |
| 15 |
| 16 |
| 17 |
| 18 |
| 19 |
| 20 |
| 21 |
| 22 |
| 23 |
| 24 |
| 25 |
| 26 |
| 27 |
| 28 |
| 29 |
| 30 |
| 31 |

PIÈCES TUÉES PAR M.　　　　　　　　　**DANS L'ANNÉE 1839-1840.**

JUIN.	Cerfs.	Sangliers.	Loups.	Chevreuils.	Renards.	Blaireaux.	Lièvres.	Lapins.	Fouines.	Belettes.	Faisans.	Perdrix rouges.	Perdrix grises.	Cailles.	Râles de genêt.	Râles d'eau.	Poules d'e u.	Canards.	Foulques.	Bécasses.	Bécassines.	Pluviers.	Vanneaux.	Éperviers.	Ramiers.	Tourterelles.	Pies.	Grues.	TOTAL DES PIÈCES.
1																													
2																													
3																													
4																													
5																													
6																													
7																													
8																													
9																													
10																													
11																													
12																													

13
14
15
16
17
18
19
20
21
22
23
24
25
26
27
28
29
30

PIÈCES TUÉES PAR M.   DANS L'ANNÉE 1839-1840.

JUILLET.	Cerfs.	Sangliers.	Loups.	Chevreuils.	Renards.	Blaireaux.	Lièvres.	Lapins.	Fouines.	Belettes.	Faisans.	Perdrix rouges.	Perdrix grises.	Cailles.	Râles de genêt.	Râles d'eau.	Poules d'eau.	Canards.	Foulques.	Bécasses.	Bécassines.	Pluviers.	Vanneaux.	Éperviers.	Ramiers.	Tourterelles.	Pies.	Geais.	TOTAL DES PIÈCES.
1																													
2																													
3																													
4																													
5																													
6																													
7																													
8																													
9																													
10																													
11																													

13
14
15
17
18
19
20
21
22
23
24
25
26
27
31

PIÈCES TUÉES PAR M.   DANS L'ANNÉE 1839-1840.

AOUT.	Cerfs.	Sangliers.	Loups.	Chevreuils.	Renards.	Blaireaux.	Lièvres.	Lapins.	Fouines.	Belettes.	Faisans.	Perdrix rouges.	Perdrix grises.	Cailles.	Râles de genêt.	Râles d'eau.	Poules d'eau.	Canards.	Foulques.	Bécasses.	Bécassines.	Pluviers.	Vanneaux.	Eperviers.	Ramiers	Tourterelles.	Pies.	Geais.	TOTAL DES PIÈCES.
1																													
2																													
3																													
4																													
5																													
6																													
7																													
8																													
9																													
10																													
11																													
12																													

RÉCAPITULATION.

Pièces tuées en Septembre. . .

— Octobre. . . .

— Novembre. . .

— Décembre. . .

— Janvier. . . .

— Février. . . .

— Mars. . . . .

— Avril.

— Mai.

— Juin.

— Juillet. . .

— Août. . . . .

—————

TOTAL. . .